法律·技术·资本
世界城市可持续发展最佳范例选

FALV JISHU ZIBEN
SHIJIE CHENGSHI KECHIXUFAZHAN
ZUIJIA FANLIXUAN

阳光时代律师事务所环境资源能源（ERE）研究中心
浙江大学非传统安全与和平发展研究中心环境与能源安全研究所
联合出品

中国环境出版社·北京

图书在版编目（CIP）数据

法律·技术·资本：世界城市可持续发展最佳范例选 / 阳光时代律师事务所环境资源能源（ERE）研究中心，浙江大学非传统安全与和平发展研究中心环境与能源安全研究所联合出品. -- 北京 : 中国环境出版社，2015.7

ISBN 978-7-5111-2475-3

Ⅰ. ①各… Ⅱ. ①浙… Ⅲ. ①节能－生态城市－城市建设 Ⅳ. ①X32

中国版本图书馆 CIP 数据核字（2015）第 161348 号

出 版 人 王新程
责任编辑 曲 婷
责任校对 尹 芳
装帧设计 彭 杉

出版发行 中国环境出版社
（100062 北京市东城区广渠门内大街 16 号）
网　　址：http://www.cesp.com.cn
电子邮箱：bjgl@cesp.com.cn
联系电话：010-67112765（编辑管理部）
010-67168033（监测与监理图书出版中心）
发行热线：010-67125803，010-67113405（传真）
印　　刷 北京中科印刷有限公司
经　　销 各地新华书店
版　　次 2015 年 7 月第 1 版
印　　次 2015 年 7 月第 1 次印刷
开　　本 787×960 1/16
印　　张 11.25
字　　数 216 千字
定　　价 68.00 元

序

党的十八大做出了建设生态文明的战略部署，将生态文明建设纳入中国特色社会主义事业“五位一体”的总体布局，要求把生态文明建设融入经济、政治、文化、社会建设各方面和全过程，着力推进绿色发展、循环发展、低碳发展。十八届三中全会从完善体制机制上作了进一步部署，要求加快生态文明制度建设，把生态文明理念和原则融入城镇化全过程，走集约、智能、绿色、低碳的新型城镇化道路。因此，未来经济发展和城市建设既需要反映“生态的（ecological）”和“经济的（economic）”协调发展的生态经济需求，又要体现减量化（reducing）、再利用（reusing）、再循环（recycling）的循环经济原则，从源头和生产过程解决我国城市化、工业化发展面临的资源环境约束，打造经济发达与生态保护高度统一、有序共存和可持续发展的新经济模式。

美国经济学家波尔丁在20世纪60年代提出生态经济时便谈到了循环经济理论。认为生态经济强调的核心是经济与生态的协调，注重经济系统与生态系统的有机结合，强调宏观经济发展模式的转变；而循环经济侧重于整个社会物质循环应用，强调的是循环和生态效率，资源被多次重复利用，并注重生产、流通、消费全过程的资源节约。而生态经济与循环经济本质上是相一致的，都是要使经济活动生态化，都是要坚持可持续发展。

在过去几十年的过程中，欧美等发达国家和地区已经在城市发展和循环经济方面积累了不少成功经验，这将为引导我国循环经济发展和新型城镇化建设提供思路和模式参考。呈现在读者面前的这本《法律 · 技术 · 资本：世界城市可持续发展最佳范例选》，详实地介绍了各国循环经济发展、城市产业转型过程中的主要经验，对澳大利亚、巴西、新西兰、韩国、新加坡、瑞士、英国、德国、法国、荷兰、丹麦、瑞典、印度、日本、美国等城市在水土环境治理、旧城改造、生态社区建设和产业升级转型过程中涉及的法律政策、城市规划、投融资渠道、公众参与等方面进行了富有深度的探讨和分析，对各国城市治理存在的问题和实践偏差给予了客观、中肯的评价。这将有助于关心循环经济发展的政府主管部门、学者和广大读者全面了解世界各国循环经济发展和产业转型的基本取向，深入理解生态经济的内涵和外延，更好发挥循环发展与绿色发展、低碳发展的协同效应。

本书中许多国外范例所展示的经验和模式已经在国内实践中得到了部分借鉴和应用推广。2006 年以来，国家累计支持了 900 多个循环经济示范试点项目，支持建设了 45 个“城市矿产”示范基地，20 个循环经济教育示范基地，75 个产业园区进行循环化改造，83 个城市开展餐厨废弃物资源化利用。这些项目全部实施后，每年可资源化利用各类废弃物约 2 亿吨，与利用原生资源相比，相当于节能近 1 亿吨标煤。总结过去 10 年来我国在推动循环经济、生态可持续发展方面的成功经验和有效做法，大概有五个方面：一是法律规范，强化制度约束。把循环经济、生态可持续发展从理念向实践转化，需要强化法律法规建设，使循环经济成为各级政府和社会各界普遍遵循的行为规范。二是统筹规划，做好顶层设计。循环经济与经济结构、产业布局、资源环境禀赋密切相关，科学规划是更好发展循环经济的重要前提。三是政策驱动，建立激励机制。要实现循环经济动态稳定和长效发展，必须在充分发挥市场决定性作用的前提下，建立促进循环经济发展的激励政策。四是科技支撑，注重技术引领。发展循环经济，科技创新是支撑，链接技术是关键。五是示范试点引路，带动全面发展。国家在重点行业、重点领域，从省、市、园区、企业等多个层面开展循环经济示范试点。

未来，我国的循环经济发展和新型城镇化必然要在上述各方面进一步深化和完善，更加突出法律先行和政府引导、重视环境保护和生态建设、加强空间管控和集约发展、强调公众参与和利益共享、强化智能建设和智慧管理。通过法律规制强化政府规划引领作用，积极利用市场杠杆来鼓励企业和公众参与循环经济发展、污染防治和生态建设，促进资源循环利用优化环境，全面提升我国经济发展的质量。

是为序。

解振华
中国气候变化事务特别代表
全国政协人口资源环境委员会副主任

目　录

总报告

碧水蓝天 LTC 新型城镇化整体解决方案

2014 年，国家正式颁发《国家新型城镇化规划（2014—2020 年）》，强调在新型城镇化建设中需高度关注生态文明，着力推进绿色发展、循环发展和低碳发展；要求在新型城镇建设中强化政策统筹，制定配套政策，建立健全相关法律法规、标准体系。

显然，过去某些地区的城镇化是以招商引资、圈地扩容、资源消耗为烙印的造城运动，而新型城镇化是以生态文明为指导，以生态宜居、资源节约、绿色 GDP 增长为发展目标，配套大气、土壤、水治理及清洁能源高效利用的生态环境建设。可尽管目前针对环境治理、清洁能源的技术及服务有很多，但大多是针对单一问题的解决方案；大量的资本投资处在观望之中，缺乏对体制与机制的保障信任，因此迫切需要设计一套整体解决方案，形成一批新型城镇化建设的示范点。

新城镇化建设是一个范围极广、涉及极深的系统工程，从世界各国的城市变迁历史经验看，政府需要调动法律、技术和资本的力量，充分整合资源才有助于实现一个城市的健康成长和可持续发展。因此，新型城镇化建设中应当重视法律（L）、技术（T）、资本（C）的协同创新效应，以法律力量联合技术和资本的力量，整合水、土地、空间、能源、制度、文化等要素，形成新型城镇化整体解决方案。地方政府要根据各地资源禀赋参与城镇化建设，重点把握五大抓手：通过绿色规划引领新城镇建设；通过政策激励引导技术转化与应用；通过投融资模式创新吸引社会资本合作；通过公众参与推动社会管理创新；通过成果总结推广城市增值模式，切实实现绿色、节约、低碳的新城镇发展目标。

一、通过绿色规划引领新城镇建设

在以往的城镇化建设中，地方政府普遍存在“重视硬规划、忽视软规划”的问题，城镇化建设变成了千篇一律的造城运动，未能充分发挥其带动地方经济持续健康发展的效用。而新型城镇化建设的开展，根本在于释放城镇在提升效率和推动创新方面的潜能，关键在于实现城市社会的良好治理，难点在于保护城市生态、治理城市污染。因此，地方政府在启动新型城镇化建设工作时，首先需要围绕各要素和地方实际制定科学、完善且稳定的新型城镇化绿色规划，绿色规划不仅应包括城乡规划、土地规划、交通规划等硬规划，还应当包括新城镇定位规划、产业规划以及政策环境规划等软规划；尤其是政策环境规划，将是新型城镇化建设作为地方经济持续健康发展强大引擎的重要保障。

节能环保领域投资将是新型城镇化建设的重要组成部分。目前，国家已就节能环保领域投资出台了一系列利好政策，地方政府在新型城镇化规划中更需要相应对接政策操作细则，吸引中央财政资金投入本地新型城镇化建设，除财政资金支持外，还需要引入大量社会投资和金融资本；以绿色发展、循环发展和低碳发展为重要指标的新型城镇化建设对科学技术的创造和运用提出了更为复杂、系统的要求，尤其是在清洁能源和生态环境修复等系统工程中，地方政府需要在新型城镇化规划中确立以保护科技创造、鼓励科技与资本合作、提高科技转化效率为目标的政策环境，以降低高新科技创造风险，促进高新技术及其产品市场化、产业化。新型城镇化绿色规划需要顶层设计，以政策环境规划在内的软规划为主线引导城乡规划、土地规划等硬规划设计，

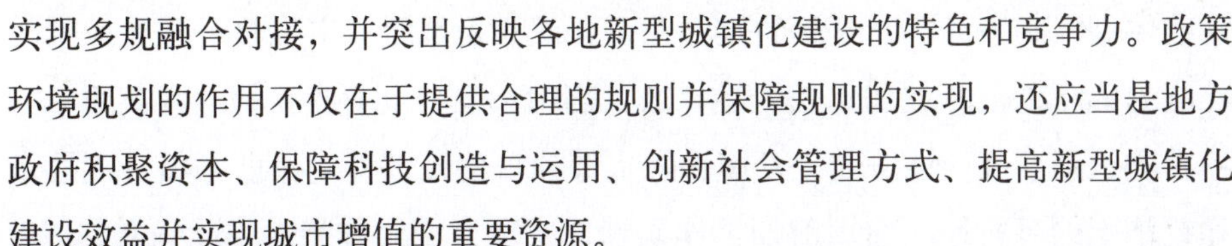

实现多规融合对接，并突出反映各地新型城镇化建设的特色和竞争力。政策环境规划的作用不仅在于提供合理的规则并保障规则的实现，还应当是地方政府积聚资本、保障科技创造与运用、创新社会管理方式、提高新型城镇化建设效益并实现城市增值的重要资源。

英国博德苔藓地修复项目是以规划推动城市建设项目的典型案例，该地块原先是泥炭沼泽低地，在1955年到1986年间附近矿渣堆积形成52hm^{2}的煤矿渣堆。1990 年英国煤炭公司（British Coal）以一英镑的价格将其卖给基础建设托管委员会（Groundwork Trust），博德苔藓地成为该委员会采取新的修复方法进行最初实践的地区之一。在博德苔藓地项目开始的时候，最为强调的是需求评价，即找出什么是当地社区最想要的。当地社区民众没有多少热情，托管委员会的工作人员首先通过宣传使人们对这一大片废弃地的未来产生兴趣。其次，托管委员会发起了名为“为真实而规划”（Planning-for-Real）的活动，在这一活动中回避传统规划方法，采用革新设计，社区居民积极参与规划方案的设计和模型的制作。第三，社区代表集合成立博德苔藓地论坛，并且向市议会的议员团、当地的专家代表和托管委员会的工作人员汇报。上述措施使得关于该项目的每一个重要决定都是在当地居民的参与下完成的，尤其是规划的设计。虽然政府和专家在修复项目形成过程中没有居于完全主导的地位，但社区居民对规划的认同使得该项目顺利推进，并赢得各方支持。

二、通过投融资模式创新吸引社会资本合作

近年来对地方融资平台的监管与清理力度不断增强，严格房产限购政策背景下地方土地财政的非可持续性以及地方债务的扎堆到期，目前地方政府的融资困境可以想象。为此当前将着力推广运用政府公共资本与社会资本合作模式（PPP 模式），鼓励社会资本通过特许经营等方式参与基础设施的投资和运营。财政部楼继伟部长在一次讲话中提出，“在当前创新城镇化投融资体制、着力化解地方融资平台债务风险、积极推动企业“走出去”的背景下，推广使用 PPP 模式，不仅是一次微观层面的操作方式升级，更是一次宏观层

面的体制机制改革”。PPP 的核心在于合理共担风险，实现整个项目风险与收益的最佳组合。在 PPP 模式中，公共部门和社会企业在初始阶段共同参与项目的识别、可行性研究、设施和融资等项目建设过程，保证了项目在技术和经济上的可行性，缩短前期工作周期，使项目费用降低。与此同时，PPP 模式只有当项目已经完成并得到政府批准使用后，社会资本才能开始获得收益，因此 PPP 模式有利于提高效率和降低工程造成价，能够消除项目完工风险和资金风险。研究表明，与传统的融资模式相比，PPP 项目平均为政府部门节约 17% 的费用，并且建设工期都能按时完成。PPP 模式的推行还有利于转换政府职能，减轻财政负担。政府可以从过去的基础设施公共服务的提供者变成一个监管者的角色，从而保证质量，也可以在财政预算方面减轻政府压力。利用社会资本来提供资产和服务能为政府部门提供更多的资金和技能，促进投融资体制改革，发挥政府公共机构和投资机构各自的优势，取长补短。

西朗污水处理项目是中国第一家以 PPP 模式交付的污水处理项目，根据广州西朗污水处理系统工程项目的协议，项目采用 PPP 模式建造，中外双方的合作期限为 23 年，美国地球工程公司拥有对该厂为期 17 年的经营管理权。合作期满后，全部资产将无偿转移给中方所有。为了保证广州市政府的利益，合同中甚至明确规定，西朗公司在 17 年内将主要设备更新一遍，以保证交付后污水处理设施能更持久的运营。市政府资金不充裕、又缺乏管理技术和工程技术，而这恰恰是投资方的长处。一旦结合了政府方面的协调能力，投资方也就更加有信心成功运作项目。以西朗项目为例，在选择 PPP 模式下的合作伙伴时，市政机构将管网建设作为其中的一项条件捆绑在污水处理厂项目中，让美国地球工程公司在获得特许经营权收益时，也承担建设部分管网设施的责任，以实现公共部门利益与投资方利润的兼顾。由于污水处理是一项利润稳定的长期项目，银行方面也可从中获利。

三、通过政策激励引导技术转化与应用

任何类型的城镇化建设均需要核心技术或文化产业做支撑。通过技术创新、技术扩散，直至与该项技术创新有关的技术产品达到一定市场容量，形

成一定生产规模，最终形成一个产业的过程。新型城镇建设过程势必面临大量技术的引入和转化，这些技术既来自于高新技术产业领域的创新成果，也来自于传统产业的技术改造和创新。从政府的角度讲，技术转化是政府利用政府可以利用的各种形式，推动新技术的使用，最大限度地追求经济利益的行为。从企业的角度讲，技术转化是企业通过各种企业可以利用的形式利用技术，形成和强化自己的市场优势、谋求最大利益的一种手段。

地方政府需要以政策为先导，充分发挥自主转化、产学研结合、有偿许可、专利技术转化等模式，运用股权激励、人才激励和国家政策激励路径实现技术从产品化到工厂化，到系列化，到产业化的应用推广。日本工业和大学研究机构之间的技术许可组织（TLO，Technology Licensing Organization）的合作模式值得借鉴。TLO 在工业与学术联合中起到重要作用，为获得专利技术的社会企业创造新的商业价值，再把部分利益返回到大学作为研究资金进一步用到研究活动。TLO 会依照一定的比例与高校和研究者分享专利收益，一般是研究发明者获得 30%，中介机构获得 30%，研究者单位获得 30%，大学校方获得 10%。

提高科技成果转化产业的收益是保证新型城镇示范项目长效发展的重要途径。在新型城镇示范项目科技成果转化过程中需要构建基于利益相关者权力—利益平衡的知识产权激励机制满足科研人员、企业、研究院所等各利益相关者的利益需求，通过对技术创新中不同利益相关者的激励，保护产权的合理配置、确保公平的权益分享，有效地降低科技成果转化中的风险与交易成本。

四、通过公众参与推动社会管理创新

我国城市治理中公众参与的缺失、意识的淡薄和制度空缺导致城市规划、建设、经营各环节决策的非科学性、低效率、高成本，更甚的是伤害公众利益的行政行为屡有发生，PX、垃圾焚烧发电等项目引起的“邻避事件”席卷全国。虽然每场“邻避事件”针对的项目都是社会经济发展中的必需项目，但激烈对抗和群体性事件爆发后，政府往往以承诺项目下马为结局，并没有实现社会效益最大化。解决类似“邻避事件”，需要最大限度激发社会活力、减少不和谐因素，推进社会管理理念、体制、机制、方法创新，完善党委领导、政府负责、社会协同、公众参与的社会管理格局，加强社会管理法律、能力建设，完善基层社会管理服务，建设中国特色社会主义社会管理体系。新型城镇建设应重点考虑人的因素，从规划方案的制定、实际的建设推进过程，到后续的监督监控，都要有具体的措施保证公众的广泛参与，充分体现“以人为本”的原则。做到让公众了解新型城镇建设的各个阶段与整个过程，由公众提出每个阶段需要做的事情，保证公众参与的广度和深度。需要研究建立新型城镇建设公众参与的方式、规则、流程，通过制度的建立来保障公众对于新型城镇规划和建设的参与程度。

美国各级城市政府均建立了一整套公众参与决策的机制，调动利益相关者全过程参与城市管理，既有重大决策的公众参与，也有针对具体项目的公众参与；其中，纽约市的城市利用审批程式（The uniform land use review process）具有很典型的实践参考价值。1976 年，美国政府颁布了资源保护及恢复法案（Resource Conservation and Recovery Act），禁止随意倾泻垃圾废物，该法案致使城市废物处理、储存等设施需求大增，但该类设施在建设中却一致遭到当地居民的极力反抗，继而引发了一场声势浩大的“不要设在我家后院”运动（Not In My Back Yard）。1980 年以后，这种“邻避事件”愈演愈烈，一度成为美国“1980 年代的大众政治哲学”，当时也被《纽约时报》称为美国的“邻避时代”。为了杜绝这一情况，1989 年的纽约城市宪章修改议案把“邻避事件”提上议程，要求城市规划局设定一个标准以便更好地平衡城市设施设置带来的利益和负担，由此纽约市的城市设施选址标准和 ULURP 程式应运而生，其中 ULURP 程式有助于充分表达社区的立场，减少对邻里和居民利益的损害，增加城市建设项目的公正和有效性。通过城市设施选址标准和 ULURP 程式的制定和实施，纽约市在 20 世纪 90 年代率先在美国告别了“邻避时代”，顺利地推进了必要的城市设施建设。

五、通过成果总结推广城市增值模式

新城镇建设的实践效果需要总结、展示，提升城市形象和品牌，通过总结新型城镇建设的社会管理创新、投融资模式创新、城市发展模式创新，为更大范围推广应用提供实践经验蓝本。成果范式总结推广首先陈述总结汇报实施整体解决方案带来的实践成果；然后根据新型城镇类型特征推出名为“碧水蓝天新型城镇建设最佳实践展示”的媒体宣传；最后申请示范推广。新型城镇建设成果范式总结推广功能具有多个方面：第一，它将作为地方政府创造性全面实践新城镇建设的“成绩单”，是政府开创绿色城市规划，缓解污染，使人人都能呼吸清新空气、喝干净安全的水，保障公民健康权，开启更加协调的城镇化进程的良好基石。第二，它将是一套政府创优和创新绩效评估及调整地方官员绩效评估工作的载体。新型城镇建设LTC整体解决方案旨要达到的绿色、低碳、节约三大发展指标，映射着有关环境质量指标，可持续经济发展，生态文明建设等政府绩效考核内容。第三，它是地方经济可持续发展的动力催生剂，为新型城镇民生改善、教育文化、劳动就业带来拉动效应。通过最佳实践展示，公开新型城镇建设成果，发布、解读成果展示报告，举办固定开放月活动，向市民宣讲绿色、低碳、节约理念的项目实践，可因地制宜打造成科普教育、观光旅游场所。力争获得国家新型城镇建设示范认定，参加碧水蓝天新型城镇荣誉市长、政府绩效考评先进等评选活动。

2003年韩国清溪川修复改造工程是近年来城市品牌提升的重要典范。清溪川曾被混凝土路面覆盖，修复工程历时两年竣工。修复工程将现代滨水城市空间建设与历史文化的保护和传承结合，形成了首尔的文化中心，提升了首尔的城市文化品位和国际绿色城市形象。同时，清溪川的修复工程还推动了首尔江北城区的改造，提升了清溪川两岸地块的价值，并使整个项目最终成为盈利项目。该修复工程在建设期间，清溪川周边的房地产就开始升值；工程对江北城区的建设和改造产生了极大的拉动效应，为周边地区整合成为国际金融商务中心和高附加值产业地区提供了良好条件。另外，清溪川修复工程还为首尔市政府赢得了威尼斯国际双年展的最佳行政机构奖，时任首尔市市长的李明博也为自己赢得了“绿色市长”的美誉。

城市规划篇

第一章 阿德莱德与“影子规划”的成功实践（澳大利亚）①

引 言

作为世界上最早出台环境保护法律的国家之一，澳大利亚目前已经建立十分完善的生态环境保护法规体系，联邦政府制定了包括《环境保护和生物多样性保持法》、《清洁空气法规》、《辐射控制法规》等在内的几十部环境法律法规，各州涉及生态环境保护的法规则多达百余个，针对阿德莱德等缺水地区还制订了《水资源法》、《供水法》等法规。与此同时，澳大利亚各级政府还统一管理环境保护、建设发展规划及其实际运行，联邦政府、州政府及地方政府等分别直接主导相应层次的环境保护和建设工作，将环保理念充分融入经济发展和城市建设中。

阿德莱德的成功实践，正是基于其“以人为本”的城市规划。在完善的生态环境法规体系下，阿德莱德严格遵守环境保护、公园保护、自然资源保护、水资源保护等法规，在城市建设和经济发展中坚持环境保护和生态建设，将环境和基础设施建设摆在突出位置，始终以振兴城市发展为宗旨加大环境和基础设施投入，实现环保与城市规划的相辅相成。

① 文章主要参考郭磊《低碳生态城市案例介绍（二十九）澳大利亚的阿德莱德》，中国城乡规划行业网 CHINA-UP.COM。

一、阿德莱德市概况

阿德莱德市是澳大利亚南澳洲的首府，澳大利亚第四大城市。位于澳大利亚大陆南部圣文森特湾东岸，横跨托伦斯河，南通印度洋的大澳大利亚湾，是澳大利亚主要的工商业城市和港口，被称为教会城，南半球的雅典。港区设在城市的西北部，工业区主要分布在港区和东北角新建立的卫星城镇，有汽车制造，轧钢，石油炼制，机器，电器，棉毛纺织，食品加工等工业。

阿德莱德市的城市商业中心坐落于南阿德莱德的维多利亚广场，以维多利亚广场为中心，有四个相对对称的开放的绿地广场。而在北阿德莱德，以惠灵顿广场为中心向周围辐射状发展。整个市区路网有七个等级，路网高度密集，步行和非机动车道组成的交通网络成网状分布，整个城市的交通发展状况相当良好，通达性高。

二、阿德莱德的“生态”特点

阿德莱德市坚持将“以人为本”作为对城市规划的指导思想，以为人们提供舒适的生活环境为宗旨，使在此生活、工作、旅游和学习者感到愉悦，并以为社会提供更多的就业机会作为城市发展的方向和目标。阿德莱德市大力发展公共设施，提供给残疾人患者使用的轮椅通行的专用通道在街道，车站和大楼内随处可见，在公共交通设施中也有许多方便女性、小孩或者老人的设计，使得使用者能够感受到无微不至的人文关怀。

（一）规划管理体系方面

澳大利亚是英联邦国家，在规划管理上实行的是分级管理制度。负责州域范围内的总体规划的是南澳洲政府，他们负责协调道路、供水、供电等跨省市区域的重大基础设施的建设。州政府控制大的区域，制定发展大纲，控制总体规划用地性质和道路网架以及公交线路，居住区的规模和功能等，明确各市中是否有道路、球场、历史保护等，同时对城市绿地树木种植予以确认。城市的总体规划有着非常好的延续性，新的规划只能在原有规划的基础上进行局部的补充和修正，而不会有大幅度的调整和改变。在调整过程中各种规划相互呼应，以适应城市的发展需要。

（二）城市功能和结构方面

阿德莱德市的城市商业区、居民区、工业区等功能结构布局清晰，结构合理，区分明确。由于阿德莱德市位于一片开阔的平原地带。所以城区四周的公园有如绿色的彩带般环绕着阿德莱德市区。横穿城区的托伦斯河将阿德莱德市划分为南北两个片区，托伦斯河以南为商业区，以北为住宅区，阿德莱德市的工业区设置在了城市西北部的圣文森特港以及东北区新建的卫星城镇。CBC 东西南北八条大道将整个城市规划的整整齐齐，井然有序，每个区以公园相隔，并留有大量的绿地。

（三）城市基础设施建设方面

政府充当主角，凡是涉及公众利益的道路、水管、停车、绿化、学校、医院、文化、体育等基础设施都是以政府的投资为主。在基础设施的投入上，政府更注重一次性的资金投入，一步到位，以及时解决工程的工时问题，加快工程进度，保证一劳永逸。供电、电信等基础设施由政府规划部门和相关单位衔接，同步规划、设计、施工。

（四）城市的环境建设方面

政府采取大量收购未开发利用的土地、废弃的工厂等的方案，按照城市规划组织建设道路、绿化、河流以及各种配套的设施建设，然后将土地出售给开发商，之后政府再用从中获得的收益用来按照之前规划的方案进行学校，医院等公共配套服务设施的建设。关于土地问题，阿德莱德政府和中国政府的态度是不相同的，阿德莱德市在土地使用上的指导思想是振兴和促进城市的繁荣发展，而不是挣钱。

（五）城市的交通组织方面

阿德莱德的城市交通组织实行“行人优先，公车优先”的策略，道路路网密集程度高，通达性好，从上至下整个城市的交通道路被区分为七个等级，道路规划注重将车辆引导到城市的主干道上，为市民的居住提供一个安静、舒适的环境。更值得一提的是阿德莱德城市内的停车系统，整个阿德莱德市以停车楼为主，辅以道路停车。在市区内有 40 多个停车楼，其中有将近四分之三的停车楼是由政府投资建设的，每个停车楼的建筑面积约 2 万～ 4 万平方米，采取按时段收费的策略，在高峰时段收取较高的费用。

三、阿德莱德生态城市建设的启示

首先，一个城市的规划建设应当坚持“以人为本”，把建设宜居城市作为最根本的出发点。阿德莱德市的城市规划中处处体现着人文关怀，将这一理念发挥到了一种高度。

其次，应当坚持把环境和基础设施建设摆在突出的位置，始终坚持以振兴城市发展为宗旨加大环境和基础设施投入。

最后，应当坚持将政府作为城市公共交通、道路、医疗、文化等公共服务产品的主体。政府只有合理安排城市公共设施建的投入，才能和城市规划相辅相成。

参考文献：

[1] 郭磊．低碳生态城市案例介绍（二十九）澳大利亚的阿德莱德．中国城乡规划行业网 CHINA-UP.COM.

[2] 黄晓卉．阿德莱德诗意的栖居．环境，2008(10).

[3] 陈琴．美丽的世界小城——绿色之都阿德莱德．决策与信息，2013(5).

[4] 李昕．我视经历为学习过程——访阿德莱德市市长．English Salon，2002.

第二章　最宜居之库里蒂巴（巴西）[①]

引　言

巴西城市库里蒂巴在一代人的时间里治愈了城市环境和社会的综合症，建设成为自然化、人性化的最适宜人居住的城市，并被联合国命名为生态之都和世界三大生活质量最佳的城市，这与巴西的环境立法体系健全、环境违法成本高是分不开的。

1972年，巴西颁布了《环境基本法》，该法对各种污染的防治和自然资源的保护做出了细致而严格的法律规定。尽管如此，巴西的环境治理并未得到足够重视，在经济高速增长的“巴西奇迹”中，巴西付出了自然环境遭受重创的代价。

为汲取深刻教训，巴西于1988年在新《宪法》中专门增加环境一章，成为世界上第一个将环保内容完整写入《宪法》的国家。《宪法》不但规定了一系列环境治理和生态保护的法规，而且确定了政府和公民保护环境的权利和义务，此举将环境治理上升到国家最高法的层面。此后，一系列涉及环保的新法律、新法规陆续颁布，逐渐形成了以宪法为核心、专项法律法规为支

① 文章主要参考：中国城市和小城镇改革发展中心课题组《巴西库里蒂巴把城市建成“生态之都”》（《城乡建设》2012年3月）和简海云《巴西库里蒂巴城市可持续发展经验浅析》（《现代城市研究》2010年11月）。

撑的环境保护法律体系。这一套环境法律保护体系，对于库里蒂巴的污染治理及城市改造，起到了至关重要的作用。

库里蒂巴是巴西巴拉那州的首府，在1940年代以前只是一座以木材、咖啡、农牧业等为主的内陆小城市。从1960年代开始，库里蒂巴的经济、人口和城市规模急剧增长，其中人口从1950年代的30万发展到1990年代的240万；城市经济结构由原来的以农牧业经济为主转变为工业、商业中心。同巴西的大多数城市一样，库里蒂巴在经历这一阶段的高速发展之后，也面临着人口拥挤、贫穷、失业、环境污染等社会及环境问题。

然而，在20世纪90年代以后，库里蒂巴以其优美的生态环境、便捷的公共交通、适宜的人居环境闻名于世，并与温哥华、巴黎、罗马、悉尼4个城市一同成为联合国第一批最适宜人居的城市。库里蒂巴能够在一代人的时间里发生如此巨大的转变，三次出任该市市长的贾米·勒讷功不可没。贾米·勒讷是一位建筑师，既有治国的雄才大略，又有诗人般的智慧和心灵；既有世界眼光、公益情怀、崇高理想又有责任感，他是库里蒂巴实现跨越式可持续发展的灵魂人物。

库里蒂巴公共交通

一、库里蒂巴的现状

（一）城市绿地可以放牧

库里蒂巴人均绿地面积581平方米，是联合国推荐数的4倍。库里蒂巴绿化最大的亮点是，自然与人工完美的结合，即使在闹市的街边也耸立着不少参天大树，其中不少树龄比库里蒂巴这座城市还要古老。库里蒂巴的人工绿化注重树种的多样化配置，既考虑到城市美化的视觉效果，也考虑到野生动物的栖息与取食。全市有大小公园200多个，全部免费开放；此外，库里蒂巴还有9个森林区；库里蒂巴部分城市草地是天然的，可以放牧，不怕踩踏；人工草地直接与公路和步行道相接，与城市建筑有机地融合在一起。

（二）公园禁止铺设硬质路面

库里蒂巴位于两条大河流之间，20世纪50年代开始，原本人与河流平静相处的局面被打破，随着移民定居在低洼的平原上，人与河流争地、洪灾越来越多。市政府将抗洪斗争改变为保护河流，颁布了一系列严格的保护河岸的法律，让人们迁出最高水位以下的居住地，将其变为公园和蓄洪湿地；政府还禁止在公园内铺设硬质路面，步行道多为可渗水的土路。这些措施保护了自然系统的健康性和完整性，维护了城市水资源循环，并节约了市政费用支出。

（三）优先发展公共交通

库里蒂巴公共交通极具诱惑力，许多有小汽车的人纷纷改乘安全、快捷、便宜的公共汽车出行。库里蒂巴的公共汽车是巴西最密集繁忙的交通系统，日平均输送 190 万人次，在繁忙的上下班时间，人们只需等待 45 秒钟就可以乘上公共汽车。现在市内 75% 的上班族都利用公共交通，这个比率在全世界所有的城市中是最高的。此外，便捷的公共交通系统使得库里蒂巴每年节约 700 万加仑[①]燃油，从而使城市空气更加清新。

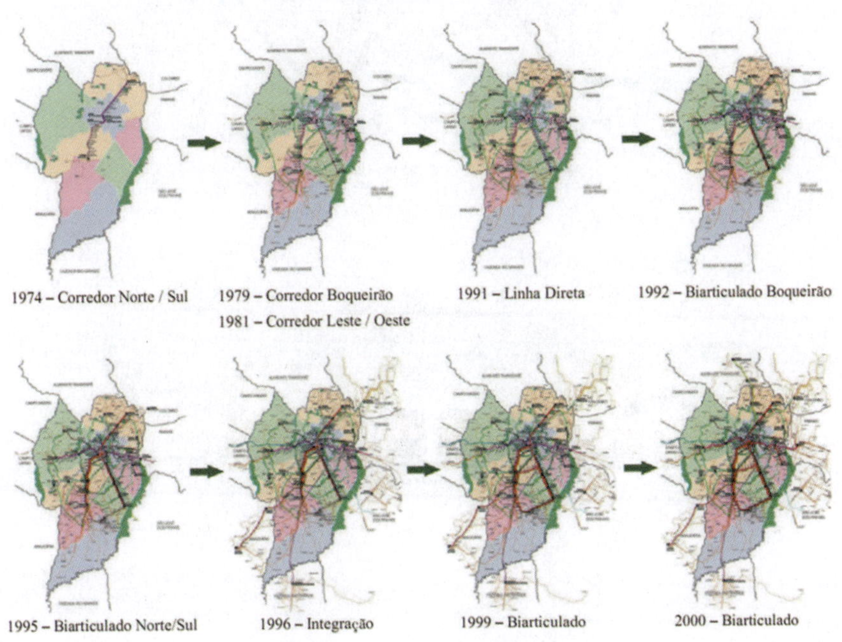

库里蒂巴公共交通发展历程

① 1 加仑＝ 3.78541 升。

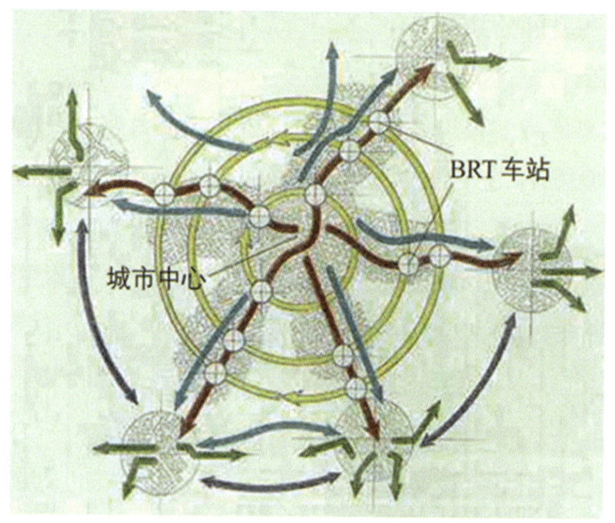

库里蒂巴 BRT 走廊发展形态

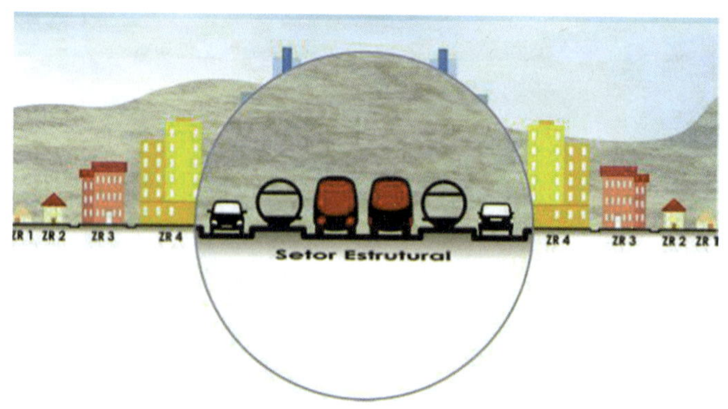

库里蒂巴公共交通系统

(四)垃圾换食品

库里蒂巴改变了排放垃圾要收费的观念,并可以用垃圾换取食品。1989年,库里蒂巴发起了“让垃圾不再是垃圾”运动,动员全市各个家庭从垃圾中分离出可回收利用的物资,将纸张、玻璃等作为工业原料,腐烂的蔬菜、水果等有机物作为农业肥料。根据市政府资助的垃圾购买项目,市民可用2千克的回收物换1千克食品,或者是公共汽车票、练习本、圣诞玩具等。该项活动为市民的日常生活提供了大米、蔬菜等必需品,增加了农民收入,同时这

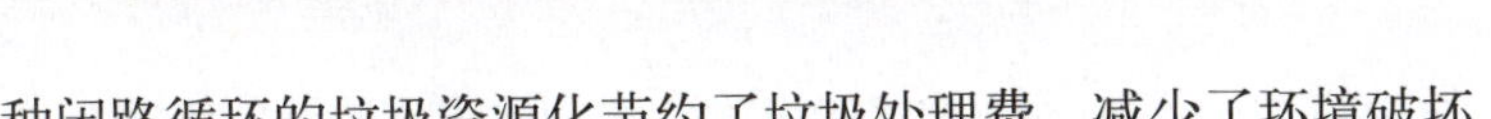

种闭路循环的垃圾资源化节约了垃圾处理费，减少了环境破坏。

（五）城市贫困和交通捆绑处理

库里蒂巴的城市交通不仅是一种运载人的方式，还是指导土地适用和调整经济增长的因素。因此，没有大规模的征用土地，而是改修现有路面，建立起高速运转的交通系统。同时，政府抢先购买城市黄金地段，发展经济，解决日益增长的人口与就业问题，并建设了住房、医院、学校等基础设施。

二、库里蒂巴的成功经验

（一）立足长远的城市规划

城市规划是龙头这个理念在库里巴蒂得到了不折不扣的贯彻，为宜居城市奠定了坚实的基础。库里巴蒂以往的城市总体规划是环形＋放射状发展的空间结构，这种结构随着城市发展逐渐暴露出许多问题，首当其冲的就是中心区密集和交通拥挤。

1966年，库里巴蒂确定了新的城市规划，最大的亮点是基于公交优先原则的城市开发。新的总体规划确定城市沿着几条结构轴线向外进行走廊式开发。不仅鼓励混合土地利用开发的方式，而且以城市公交线路所在道路为中心，对所有土地利用和开发密度进行了分区。这些轴线在城市中心交汇，城市轴线构成了一体化道路系统的第一个层次；拥有公交优先权的道路把交通汇聚到轴线道路上，而通过城市的支路满足各种地方交通和两侧商业活动的需要，并与工业区连接，城市外缘则布局大片的线状公园绿地。总体规划的框架确立后至今一直未发生大的变化。

（二）和谐的生态理念

在治理水患方面，库里巴蒂转变了与自然对抗的思路，通过颁布保护现行自然排水系统的强制性法令等规范，建立有蓄洪作用的公园，在治理水患的同时保护了生态环境，避免了庞大工程设施带来的市政负担。

在城市绿化建设方面，为调动公众的积极性，库里巴蒂出台了一项政策，由政府免费提供绿地，供来自不同国家的移民社团进行保护性开发，建成各具特色的公益性主题公园，突出了文化多样性和生物多样性两大主题。此外，废弃的采石场、垃圾填埋场等许多被破坏的地方，被建成了剧院、植物园等，都得到了进一步的修复。

由垃圾填埋场改建的植物园

在城市垃圾处理方面，库里巴蒂实施的垃圾回收项目，吸引了超过70%的家庭参与，垃圾的循环回收在城市中达到95%，使得城市在环境和社会方面走上了一条健康的发展之路。

三、对新城镇建设和发展的启示

（一）要有解决城市问题的系统化思路

将城市的用地规划布局与城市交通、经济发展、劳动就业、环境保护、社会福利等问题联系在一起，在城市规划的有效协调下进行统筹解决，而不是孤立地应对每一个具体问题，这是库里巴蒂可持续发展取得成功的一条重要经验。

（二）要对城市规划持之以恒的落实

三分规划，七分管理。再平庸的规划只要得到持之以恒的贯彻落实也会起到积极的发展效果；相反，再高明的规划，如果朝令夕改，不断推倒重来，也很难起到指导建设的作用。

（三）要确立环境为本、公交优先的理念

要解决城市面临的堵车—修路—再堵车的恶性循环，应该标本兼治，加快发展以地铁、BRT 系统为核心，多种交通方式相互配合的大运量城市公共综合交通系统。

（四）要因地制宜地进行技术应用

解决城市问题，并不一定意味着要采用最先进的技术与最昂贵的设施，关键是因地制宜地采取适当措施，许多城市可以将一些传统意义上的问题转变成有益的资源。

（五）要积极鼓励公众参与

对于好的规划来说，好的机制和正确的激励措施同等重要。把坚持阳光规划，在城市规划的编制、讨论、修订与实施全过程中，鼓励社会公众积极参与，使其真正成为城市发展建设的主人，应该是今后城市规划变革的方向所在。

参考文献：

[1] 中国城市和小城镇改革发展中心课题组．巴西库里蒂巴把城市建成“生态之都”．城乡建设，2012(3).

[2] 简海云．巴西库里蒂巴城市可持续发展经验浅析．现代城市研究，2010(11).

[3] 上海市决策咨询委员会考察组．巴西库里蒂巴快速公交系统考察报告（BRT）．决策咨询通讯，2007.

[4] 王秀宝．巴西库里蒂巴市发展公共交通的启示．交通与运输，2004(2).

[5] 郭磊．低碳生态城市案例介绍（七）：巴西库里蒂巴．中国城乡规划行业网 CHINA-UP.COM.

[6] 段里仁．一个城市交通的国际典范——巴西库里蒂巴市整合公共交通系统．城市车辆，2009(12).

第三章 怀塔克雷市法律强制下的地区规划（新西兰）[①]

引 言

新西兰怀塔克雷（Waitakere）的地区规划，由政策（Policy）、法规（Rules）、图则（Maps）三部分构成，其中法规是地区规划的核心，是实现政策部分既定管理目标的具体技术方法和管理手段。法律强制下的地区规划，对怀塔克雷生态城市建设起到了决定性作用。

新西兰于1991年颁布的《资源管理法》强调对自然资源和物质资源的可持续管理，该法案明确了地方政府在资源和生态环境保护方面的权利和义务，并授权地方政府制定相关法规，是地区规划制定的主要依据。

怀塔克雷市议会在《资源管理法》的授权下，进一步强调将开发行为可能产生的环境影响独立化，立法时更为精确具体，使得每一个特定的行为环境影响均受控于独立的法规条文。为了确保特定行为环境影响和特定法规条款之间的清晰联系，怀塔克雷市议会制定了《自然地区法规》、《人居环境法规》、《城市范围法规》和《土地细分法规》四部法规，是地区规划的主

① 文章主要参考：沈娜、孙晖《新西兰 Waitakere 地区规划资源环境保的应对机制与措施——兼议对我国控制性详细规划的启示》，《规划师》2011年第2期第27卷，109-114。

要依据。其可操作性很强，大大提高了管理效率，加速了怀塔克雷地区规划的进程。

怀塔克雷是位于新西兰北部奥克兰大区的一座城市。该市的地区规划在发展模式上,鼓励在城区进行集约式开发,以减少乡村及山地土地细分的压力;在技术层面上，构建了详尽的资源与生态环境保护管理体系，最大限度地减少开发行为对环境的不利影响。地区规划实施以来取得成效显著，生态环境得到明显改善，成绩得到国际社会广泛认可。

一、怀塔克雷地区规划概述

（一）制定背景

1991 年新西兰颁布了《资源管理法》，其核心目标是实现对自然资源和生态环境的可持续管理。该法案明确了地方政府在资源和生态环境保护方面的权利和义务，并授权地方政府制定相关法规，同时对可能造成环境负面影响的行为进行管理。《资源管理法》是新西兰各城市编制城市规划与保护生态环境的主要法律依据。

怀塔克雷市为了保护其丰富的湿地、森林、溪流、湖泊及海洋等自然资源，市议会于 1993 年 10 月制定了为期 20 年的城市环境战略规划，以“生态城市（Eco-City）”作为城市发展目标，创造一个可持续发展的未来。为了实现环境管理目标，怀塔克雷市议会对传统区划的管理体系和技术手段进行了革新，创立了地区规划，并于 1998 年 8 月正式颁布执行。地区规划具有法律强制力，是城市环境战略规划的重要组成部分，强调对资源和环境问题的合理解决，加强对自然和生态环境的可持续管理。

（二）内容构成

怀塔克雷市地区规划由政策（Policy）、法规（Rules）、图则（Maps）三部分构成。

政策部分是纲领性文件，是地区规划制定管理措施、控制环境影响行为的主要依据。其首要任务就是识别城市存在的资源环境问题，针对市域范围内拥有的自然资源，提出资源环境管理目标、实施政策和落实方法。

法规部分是地区规划的核心，是实现政策部分既定管理目标的具体技术方法和管理手段。包括《自然地区法规》（*Natural Area Rules*）、《人居环境法规》（*Human Environments Rules*）、《城市范围法规》（*City-Wide Rules*）和《土地细分法规》（*Subdivision Rules*）四部法规。图则贯穿在政策部分和法规部分当中，起辅助性的图示和说明作用。

（三）建设目标

建设目标简洁清晰，即可持续的、动态的、公平的。此三个目标均适用于环境、经济和社会三个评价方面。

可持续的环境：使用可更新的资源数量必须小于其再生量，避免对生态系统造成不可修复的损害，这意味着有时要采取预防措施或实行“无悔”政策；动态的环境：是指环境在人类活动和自然力的作用下，保持稳定的运动过程，必须对生物多样性加以保护；公平的环境：是指每个人都有权利享用环境并使生活达到某种环境质量标准，而与其财富水平无关。每个人都有责任确保其所作所为并没有影响到其他人享用环境的权利，无论是现在还是将来。

可持续的经济：首要是有长远眼光，认识到保护环境具有良好的经济意义；动态的经济：注重各种各样的经济活动类型和规模，以丰富多样的经济适应各种变化，并充分利用新的机会，发挥地方特色，体现地方经济实力；公平的经济：指通过有报酬的工作，人们都有机会发挥或提高他们的技能。

可持续的社会：关注社会成员和后代的福利，重视其成员的健康和安全，使每个人都能参与工作和决策，能够享受休闲并鼓励决策、分享创新思想、信息方面的协作，实现共同的目标；动态的社会：成员之间的差异具有价值，应受到鼓励。人们面临探索新思想和新方法的挑战。公平的社会：人们的福利水平不是由其财富决定的，应给予每个人健康服务、教育、休闲机会和合理的住房标准。公平社会还远不止这些，它能够满足社会成员差异性而导致的各种需求，给予每个人充分参与社会生活各个方面的机会。

二、怀塔克雷市地区规划的特点

（一）“基于问题”而非“基于片区”的管理思想

怀塔克雷市议会在制定地区规划时，其核心管理思想就是围绕“问题”确立具体的管理目标、政策和方法。

地区规划中的用地划分，并不是如传统区划那样依据用地性质，而是依据城市不同地区存在的自然资源和人工环境的特点和重要性以及确保其健康发展的保护等级等因素而划分。

地区规划创立了覆盖整个市域的“自然地区”管理层体系，通过《自然地区法规》管理对自然资源和生态环境有可能产生影响的开发行为。“自然地区”共包括六类分区，各分区具备的自然资源和环境特征都不相同，而同类分区存在的问题则比较相似。这种以“问题”而非传统区划的“片区”为管理控制基点的思想方法，使得城市资源环境问题能够得到尽可能多的关注，以便地区规划制定出更有针对性和更有效的控制措施。

“自然地区”分区类型与问题特征

分区类型	存在问题与特征
普通自然区分 General Natural Area	主要指城市已开发部分，通常只有较低或较少量的原生植被覆盖，重要的景观包括树木、水体、地形地貌等
恢复自然分区 Restoration Natural Area	拥有较突出的本地植被（覆盖率 20% ~ 50% 之间，并且面积超过 $300m^2$ 的区域），对此类区域的保护有助于加强自然再生的过程
受管理自然分区 Managed Natural Area	拥有重要原生植被、野生动物栖息地及水域，主要坐落于山区、部分乡村和东部低地，对该类区域的保护有助于该区域吸收和化解所受到的环境影响
保护自然分区 Protected Natural Area	包括拥有突出的景观特质（如地形地貌、土壤地质等）的近海区域，以及拥有优秀本地植被的山区
沿海自然分区 Coastal Natural Area	主要沿着城市西海岸延伸，坐落在经人工改变的城市海岸和保护自然分区之间。这些地域拥有大量未经改变的自然海岸特征，包括重要的本地植被、野生动物栖息地及水质好、景观好的河流湖泊
河／海岸边缘自然分区 Riparian Margins / Coastal Edges Natural Area	包括溪、湖、湿地边缘及城市海岸沿线。此类地区对开发所产生的不利影响尤为敏感，而植被则对维持和增强水质起到重要的作用，相当于给自然水体形成了一个生态缓冲带，对避免和减缓自然灾害也起到一定作用

（二）“基于影响”而非“基于行为”的法理特征

“自然地区法规”所关注的开发行为共包括五类，分别为植被改变、土方、不透水表面、植被种植、放牧和植林。这些行为都有可能对自然资源和生态环境产生较大影响，尤其是单个行为的累积影响及各类行为的综合作用，有必要对其进行科学合理的控制。地区规划积极寻求管理手段与行为影响之间的联系，即决定是否采取及采取何种管理控制措施。关注点与控制基点不是针对行为本身，而是针对行为可能产生的环境影响及影响的具体程度。

据此，地区规划将开发行为划分为6个等级：按照可能产生的环境影响的程度，由轻到重被分为允许行为、受控制行为、限制自由裁量行为、自由裁量行为、不允许行为、禁止行为。针对每一类行为，地区规划均列出了详细的行为环境影响评判标准。评判标准十分明确，对于行为申请者而言，通过比照标准可以预判申请能否获得批准，并对行为进行适当修正；对于审批者而言，能够恰当理解地区规划的法理精神，并在审议中统一评价尺度，使裁量结果公平公正，限制自由裁量的权限。

（三）“双层区划”的运作架构

《自然地区法规》与《人居环境法规》构成了怀塔克雷市规划独特的“双层区划”(Two-Layered Zoning)管理体系。

《自然地区法规》管理层主要控制开发行为对自然环境的影响，如开发行为对植被的影响等；“自然地区”被细分为六类分区，对应六部独立的分区法规。

《人居环境法规》管理层主要控制传统区划所关注的是开发行为对已建成环境的影响，如建筑高度、后退红线距离等。“人居环境”被细分为十一类分区，对应相应的分区法规。

在实践过程中，行为人如果准备在特定地块进行开发，首先需从地区规划图则上查询该地块所属的自然分区和人居分区，进而在对应的分区法规中查阅相关具体法规条文，同时还要了解毗邻地块的区划情况。

（四）法规的独立性与管理的弹性

在审议地区规划相关开发议案时，怀塔克雷市议会强调将开发行为可能产生的环境影响独立化，即每一个特定的行为环境影响均受控于独立的法规条文。例如，若一座建筑超高，只需查阅与建筑高度影响相关的条款。这也是地区规划的重要创新之一，即确保特定行为环境影响和特定法规条款之间的清晰联系。对于管理者、土地拥有者、开发者来说，都只需关注不符合环境影响标准的行为，避免投入过多不必要的精力，节省了资源，且提高了管理效率。

议会在进行审议时，采取了资源许可制度。资源许可一方面充分保证了土地拥有者或开发者的利益，拓展了开发行为的范围；另一方面也体现了议会对于资源环境保护的审慎态度。由于实践过程中情况的多样，法规不可能据悉涵盖，因此，资源许可亦可看作是对地区规划的有效补充和完善，显示了地区规划在管理方面的弹性。

三、对我国城市发展规划的启示

（一）技术体系建构的可行性

地区规划对自然环境影响的控制对象是市域范围的自然资源和生态环境问题，并通过植被、土方、不透水表面等指标实现管理目标。与用地性质、容积率等控制行为对建成环境影响的指标相比，上述植被、土方等控制要素对城市发展状态的反应相对并不敏感，与经济利益的联系相对也并不直接。因此，其控制要素不会因为城市发展状态或者经济利益等原因而出现过多的调整，能够保证法规的严肃性。

（二）全域生态关注的必要性

从覆盖范围看，地区规划关注包括乡村、山地等在内的整个市域的自然资源和生态环境问题。未来几十年是我国城市化快速推进的又一时期，对新增开发用地的需求逐渐增强，简单关注城市规划区内的资源和生态环境问题显然远远不够。在“新型城镇化”的时代背景下，如何构建从宏观到微观、关注整个市域资源生态环境问题的城市规划编制和管理体系，如何定位控规在此体系中的地位，发挥控规在资源与生态环保体系中的作用，值得进一步深思。

（三）法规完善的机遇与意义

新西兰 1991 年颁布的《资源管理法》强调对自然资源和物质资源的可持续管理，是地区规划制定的主要依据。相比之下，我国的《城乡规划法》中也多次强调了对自然资源和生态环境的保护，规划实践中也开展了相应的探索，但是还远没有上升到法律规范层面，以《城乡规划法》为契机，借鉴国外成功的实践经验，建构科学规范、实施性强、效率高的管理体系，实现城市发展的可持续性意义重大。

（四）增强规划的可操作性

地区规划的“双层区划”管理模式在资源和生态环境保护方面有着更强的操作性。从法律层面看，地区规划通过独立的“自然地区”管理层，将对资源环境的保护，从传统区划法管制内容的一部分，提升到与传统区划并列的地位，法律地位加强。从技术层面看，地区规划按照用地类别，并兼顾与之重叠的另一管理层的分区情况，赋予统一的控制指标。

参考文献：

[1] 沈娜、孙晖．新西兰 Waitakere 地区规划资源环境保的应对机制与措施——兼议对我国控制性详细规划的启示．规划师，2011，27(2).

[2] 郭磊．低碳生态城市案例介绍（二十七）：基于资源环境保护的新西兰 Waitakere 地区规划．中国城乡行业规划网 CHINA-UP.COM.

[3] 黄肇义、杨东援．国外生态城市建设实例．国外城市规划，2001(3).

水土治理篇

第一章　清溪川综合整治工程与城市品牌增值（韩国）

引　言

韩国首尔清溪川作为汉江水系组成部分在汉江的上游，其水质对汉江的影响很大。为治理汉江水系的水质，韩国于20世纪90年代制定了《关于汉江水系上水源水质改善及居民支援等的法律》，并以此为主要法律依据，开展对汉江水系的综合整治工程。

韩国关于环境保护的立法，始于20世纪60年代。随着工业发展带来的污染问题浮出水面，韩国先后制定了《公害防治法》、《环境保护法》等，采用了环境影响评价制度、环境标准、污染物总量控制等制度，以更积极、综合地应对环境问题。针对水资源的保护，韩国分别出台了《水质保护法》、《污水收集法》、《河川法》、《地下水法》等，以及针对特定区域的环境立法如《关于汉江水系上水源水质改善及居民支援等的法律》。在相应环境法律体系的支持下，韩国于2003年7月对流溪川开展河流截污、水体复原的综合改造工程，为清溪川带来新的生机。

一、清溪川综合整治工程的步骤

（一）拆除高架桥

20 世纪 50 年代，首尔市采用长 5.6 千米、宽 16 米的水泥板对没有经过治理的清溪川进行了全面覆盖。其后，为进一步适应城市的发展，1971 年首尔市政府在已封盖为公路的清溪川上建设了高架桥，该高架桥是双向汽车专用道，承载着东西方向的城市交通量。为重现昔日环境优美的清溪川，2003 年首尔市启动了高架桥拆除工程。考虑到该工程的启动可能会导致首尔市中心原本就拥堵不堪的交通状况更加恶化，市政府在交通调查、民意调查以及环境影响评价的基础上，制订了相应的交通疏导及限制措施：如在施工前就开始实行单向行驶方式以限制交通量；增加穿过城市中心的公共交通，倡导市民乘公交出行；施工期间，规定车辆夜间运输，以缓解白天的交通压力等。通过实施以上措施，有效避免了拆桥所带来的交通影响。

（二）河道水体复原

由于清溪川长期接纳沿河两岸的生活污水，承载着纳污的功能，因此为保证水质的清洁，防止复原后的河道被再次污染，首尔市新建了完善的污水处理系统，对原来汇入清溪川的各类污水实施了彻底截污。此外，为保证清溪川一年四季流水不断，维持河流的自然性、生态性和流动性，在经过科学论证后，最终采用三种方式向清溪川河道提供水源：主要是抽取经处理的汉江水；另一种方式是抽取地下水和收集雨水，经专门设立的水处理厂处理后进入河道；第三种方式是利用中水。

（三）河道景观设计

清溪川综合整治工程充分考虑了河流所属区位的特点，按照自然和实用相结合的原则，根据各河段所处区域的经济社会状况，在不同的河段上采取不同的设计理念：西部上游河段位于市中心，毗邻国家政府机关，是重要的政治、金融、文化中心，该段河道两岸采用花岗岩石板铺砌成亲水平台；中部河段穿过韩国著名的小商品批发市场东大门市场，是普通市民和游客经常光顾的地方，因此该段河道的设计强调滨水空间的休闲特性，注重古典与自然的完美结合；河道南岸以块石和植草的护坡方式为主；北岸修建连续的亲水平台，设有喷泉；东部河段为居民区和商业混合区，该段河道景观设计以体现自然生态特点为主，设有亲水平台和过河通道，两岸多采用自然化的生态植被，使市民和游客可以找到回归大自然的感觉。

（四）公众参与

清溪川综合整治工程的顺利实施得益于公众的广泛参与。在项目施工之前，首尔市政府就通过报纸、网络等方式对市民广泛宣传河道综合整治的意义和必要性，向市民通报市政府在工程建设中采取的解决交通、环境、市容等问题的相关措施；在项目实施过程中，由专家和普通市民组成的一个专门委员会负责对项目进行政策说明、收集和反馈公众意见、召开听证会并提供咨询服务。在征集文化墙建设意见的过程中，广泛吸引国内外各界人士的参与。这些做法不仅能够使市民更加了解工程，更重要的是能够理解并支持工程的建设。

二、清溪川综合整治工程效果

（一）整治工程恢复了河流的自然面貌，改善了城市生态环境

清溪川综合整治工程不是简单地恢复一条河道，而是以一种全新的理念，打造了一条具有历史水文化底蕴、生态环境友好、人与自然和谐、充满经济发展活力的全新的清溪川。有关数据显示，清溪川复原前，高架桥一带的气温比首尔市区的平均气温高5℃以上，而在清溪川复原通水后，河面上方的平均气温要比首尔市区平均气温低3.6℃。据测算，清溪川周边地区平均风速至少增大了2.2%、最多增大了7.1%，从而有效缓解了城市热岛效应，改善了城市生态环境。

（二）整治工程拆除了横亘市中心的高架桥，取而代之的是改善后的城市公交系统

据统计，与2003年12月份相比，2004年7月新公交系统投入使用后，乘坐公交车出行的市民增加了11%；与2003年6月份相比，利用地铁出行的人数增加了6%。清溪川综合整治工程成为转变首尔人出行方式的一个重要契机，也推动首尔市向着环境友好型城市发展迈出重要的一步。

（三）整治工程还带来了很好的经济和文化效应

工程带来的良好生态环境和滨水空间环境极大地推动了江北老城区的改造和建设，为将周边地区整合成为国际金融商务中心、高端信息和高附加值产业园区提供了重要的基础条件。而且它将河川文化的复兴与周边的历史古迹和博物馆、美术馆等文化场所相结合，形成了首尔的文化中心，凸显其作为传统和现代相和谐的文化城市的地位，提升了城市的文化品位。

三、清溪川综合整治工程成功经验与启示

（一）强调生态化整治

目前国内河道整治的方法单一，多采取简单的裁弯取直和硬化河床、护坡河岸等方式，这不仅改变了河流的自然状态，更割裂了河流与周边环境的有机联系，从而产生了一系列生态环境问题。生态化整治要求采用自然的、

生态的修复方式，如种植适宜的水生植物，恢复河道自然生态系统，建造节地型河流绿化带等。同时在规划河流形态时，应遵循河流的自然演变规律，使河道恢复自然的蛇形弯曲形态，塑造自然河川的主流、深潭、浅滩和瀑布相间的格局，完善生态景观建设，使之成为城市景观的主轴。

（二）注重与流域的经济发展相协调

国内河道整治工程大多缺乏经济的视野，未将河道整治与区域经济发展相结合。清溪川综合整治工程以生态学和循环经济理论为指导，结合河流的生态状况进行区域功能定位，对河道进行有助于经济、社会与自然生态环境相协调的整治。在整治中将城市住宅、交通、基础设施等与自然生态系统融为一体，提升河道的生态服务功能，为市民提供适宜的人居环境；以河道整治工程推动沿河流域的土地升值，提升城区建设水平，筑巢引凤，进行高层次招商，带动沿河流域的服务业、商业和旅游业的发展，从而有效提升城市形象，促进流域经济发展和环境友好型城区建设。事实上，清溪川改造提升了周边的整体环境，成为经济效益和社会效益双丰收的工程。

（三）实施彻底的截污工程

大量的工业废水和城市生活污水排入河中，要整治河道必须首先实施彻底的沿河流域截污工程，贯通河流上下游截污干管，完善跨域管网衔接，扩大生活污水和工业废水集中收集范围，提高污水处理能力。另外，河道两岸堆积的废物等潜在污染源同样会对河道造成很大的污染，所以整治过程中要彻底清除污染源，防止治理后的水质被二次污染。

（四）支持鼓励公众参与

河道生态化整治的目的是改善民生，提高城市的经济发展水平，建设和谐社会。这是一件涉及沿河流域千家万户切身利益的大事情，如果河道整治方案不科学，考虑不周全，不但浪费大量资金， 而且会影响周边居民的生活，影响政府的形象。因此，在河道整治的策划阶段就应建立公众参与机制，广泛征求沿河流域居民和专家的意见，给予沿河流域居民充分的知情权、参与权和建议权。应当吸取以往的教训，避免由于理念落后和操作不当造成不必要的经济和生态损失。

参考文献：

[1] 冷红．韩国首尔清溪川复兴改造．国际城市规划，2007(8).

[2] 白福平．清溪川的变迁对城市河道治理的启示．科技情报开发与经济，2008(9).

[3] 何远航．清溪川复原工程的方法和内容及得到的启示．广东建材，2011(6).

[4] 梅文兵．浅述韩国清溪川设计理念中的历史、现代与自然的融合．广东轻工职业技术学院学报》，2008(6).

[5] 陈可石．城市河流改造及景观设计探析——以首尔清溪川改造为例．生态经济，2013(8).

[6] 王军．韩国清溪川的生态化整治对中国河道治理的启示．中国发展，2009(6).

第二章　城市国家的“四水共治”模式（新加坡）

引　言

作为世界上法治较为完善的国家之一，新加坡“四水共治”模式取得成功很大程度得益于其完备的法规体系及强有力的决策监管机制。在水污染防治和水资源管理领域，新加坡先后出台了《环境保护和管理法》、《环境污染防治法》、《环境公共卫生（修正）法案》、《污水排放条例》以及涉及环境保护、污水排放、公共卫生和管道铺设的一系列规章，通过严格的法律规定和强有力的执法确保实现水环境保护；同时，新加坡针对水需求也制定了深层次的管理制度，充分利用经济手段开展水需求的管理，包括利用水资源税收政策调控用水需求、对生活用水采用渐增的分段收费等方式。

另外，从 20 世纪 70 年代开始，新加坡还组织政府各部门在土地利用规划的基础上共同制定了用水总体规划，形成以土地利用、环境和水问题等为重点的综合规划，以确保政府各部门在水资源管理领域职责明确且能够高效合作，最终实现新加坡的用水系统安全。

经过近 50 年的创新发展，新加坡的水源由单一的邻国购水，发展到雨水收集、邻国购水、新生水和海水淡化 4 个水源并举，被新加坡人比喻为“4 个水龙头”。4 个水龙头不仅保证了每一个居民都能享用自来水，而且使得新加坡的工业得到充分发展。

一、水供应管理

为改变缺水状况，新加坡政府开源与节流双项并举，提出开发四大“国家水喉”计划，即天然降水、进口水、新生水和淡化海水。

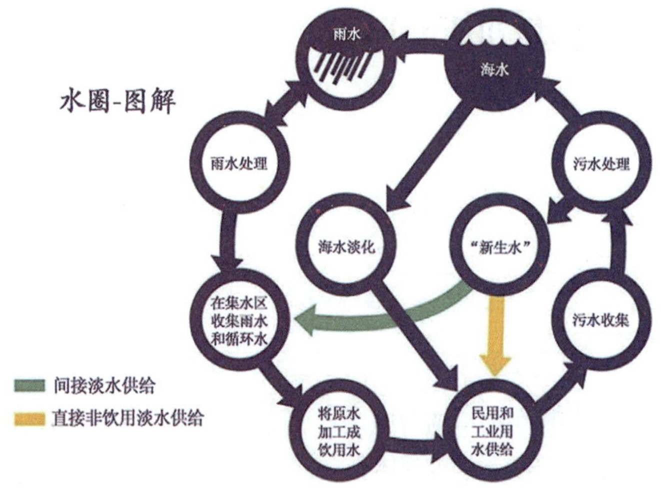

（一）天然降水

为了确保能收集到干净的雨水，1977—1987 年，新加坡用 10 年时间将污染严重的臭水沟渠全部清理干净。到 2011 年，新加坡已经建成了 17 座水库、7000 多千米沟渠和一个能在暴雨时防洪的暴雨收集池系统。新加坡的集水区面积扩大到占全国面积的 2/3。进入 21 世纪以来，新加坡开始对原来简易的雨水收集系统进行“水优城市设计”的改造，到 2060 年，新加坡收集雨水的区域面积将增至国土面积的 90%。

（二）进口水

1961 年和 1962 年，新加坡与马来西亚签订的两份长期供水合约，第一份已于 2011 年到期；第二份计划在 2061 年到期，新加坡计划在第二份供水合约到期前实现供水完全“自给”。

（三）循环再生水

目前，新加坡实现了100%的下水道的连通，所有的污水都得到了收集和处理。2008年竣工的一期系统，包括一条全长48千米的深隧道、一座中央供水回收厂、两条5千米长的深海排水管及全长60千米的用后水连接管道。二期工程预计在2030年之前完成，将包括一条南向隧道及管线，连通新加坡西南部的供水回收厂。

生活及工业废水通过与雨水完全隔离的系统收集到废水处理厂，经过净化处理达到国际标准的“用后水”（中水）作为新生水水源。从2002年1月第一座新生水厂投产至今，新加坡已经有了4座新生水厂，新生水可基本满足全岛30%的用水总需求，政府争取在2030年将这一指标提高到50%。

（四）海水淡化

2005年9月，新加坡政府投资11.9亿新元的位于大士的新泉海水淡化厂正式成立，这是新加坡的首座海水淡化厂，也是新加坡第一个自主设计、建造和操作的海水淡化工厂。该工厂采用先进的双向渗透技术，每天可生产13.6万立方米的淡水，运行第一年，海水淡化的花费是每立方米淡水0.78新元。2013年，投资10亿新元的第二座海水淡化厂大泉海水淡化厂竣工，每天可生产淡水31.85万立方米。预计2060年，淡化海水将满足新加坡至少30%的供水需求。

新加坡公共事业局统管国家与水务相关的策划、管理、维护，所有水务相关的工厂、设备都属于公共事业局。但新泉海水淡化厂是第一个公共机构与私人企业界合作的项目（PPP）。新泉和大泉海水淡化厂由公共事业局立项、招标，新加坡凯发水务集团设计、建造、拥有和运营。公共事业局与凯发签订20年和25年协议，按双方协议价收购淡水。虽然海水淡化目前成本较高，但公共事业局在向用户收取水费时按综合平均价。

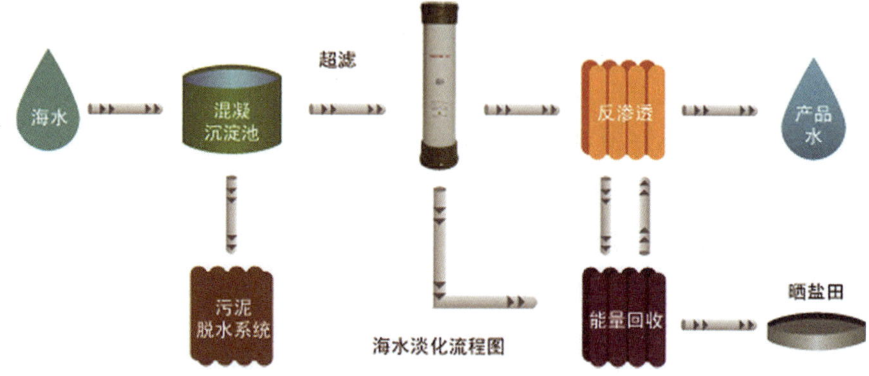

海水淡化流程图

二、水需求管理

新加坡的公用事业局对水需求制定了深层次的管理制度，主要表现为利用水资源税收政策进行水需求管理，对居民的用水需求用经济杠杆来调控。在新加坡，用水户除了交纳水费、水保费以外，还要交纳污水处理费和清洁费等。这些费用收取的标准根据用水需求的不同而不同。

（一）水费

家庭用水和非家庭用水每月不足 40 立方米时收取的水费标准是 1.17 新元每立方米。如果每月超过 40 立方米，水费将会达到 1.4 新元每立方米。

（二）水保费

对用于新加坡水资源保护方面的建设征收水保费。月用水少于 20 立方米的用户免收水保费，月耗水超过 20 立方米的用户收取水费 30% 的水保费，如果用户耗水量超过 40 立方米，则水保费将上升为水费的 45%。

（三）排污费

水的排污费主要用于污水的处理和公共排污管理的维护和保养等方面，对于非居民用水收取的污水排放费是居民用水的两倍，因为对非居民排放的污水的处理有着更大的难度和花费。

（四）政策扶持

为使水资源收费更为公平和合理，政府对低收入家庭给予政策上的扶持。

不能支付水税收的低收入群体能够从政府那里得到一定的津贴，而不是将津贴转变为给每个居民一定的水量，这个政策对社会经济方面很有效益。对居住两室或者一室的家庭在水费的收取方面可以得到较多的折扣，一些特别困难的家庭还能从该国的社区发展青年和运动部门获得相应的资助，以获得生存用水的需求。

三、新加坡治水模式的成功要素

（一）完善的法律法规体系

新加坡不仅具有完善的水资源管理方面的法律法规体系，而且特别强调法律的严格执行。大的方面包括水资源管理、水污染防治，甚至是反腐败等，都取得了非常好的效果。

在防治污染方面，1976 年新加坡出台了排污规定，并严格地执行。该规定提出了部分保护流域的概念，要求污水在排入河流之前要进行必要的处理，处理后排出的污水必须达到一个可以接受的水质标准。

在违法处罚方面，环境公共卫生（修正）法案规定：初次违例，罚金维持在 300 新元，若初次被控上庭，最高罚款额从 1000 新元增至 2000 新元；第二次被控者最高罚款从 2000 新元增至 4000 新元；第三次或以上被控者的最高罚款从 5000 新元增至 1 万新元。

在控制腐败方面，新加坡的公用事业局采取了多种措施控制腐败现象，公众对水管理官员的腐败现象的抱怨可以直达新加坡反腐调查局，公用事业局在国家级的反腐法律法规的监控下运作。

（二）高度裁决权

新加坡的公用事业局具有高度的裁决权和自治权，有坚实的政治和公众的支持。这使他们可以制订合理的、利于管理水资源的水税收政策。从 1997 年到 2000 年，新加坡的水税收数量在合理有序地上升。这种水税收的合理上升不仅降低了居民的月用水需求，也增加了公用事业局的收入，使他们有足够的资金进行现有系统的维护和操作，也能够对未来系统进行投资。

新加坡的管理经验表明：给予水资源管理机构一定的裁决权、自治权和其他一些必要的环境条件，不仅在经济上对这些水资源管理实体是可行的，也有利于这些实体开发实施其他的项目。

（三）实施了广泛的经济手段

如多样化的水费的收取、用于维护排污管道的取费、清洁取费等，鼓励使用再生水系统、节水减免税、超标排污罚款、鼓励私有公司投资和加入水设施商业活动等，都发挥了非常好的效果。公用事业局通过实行高薪高报酬制度、反腐败制度和拥有较高的裁决权等方式来有效地管理水资源。除水资源管理和供水外，还扩展到包括废水处理和回用、洪水控制和废水系统等领域。这样的综合性水管理机构使得行政管理效率大大提高。

（四）强有力的公共宣传和教育

“节省、珍惜、享用”是新加坡水资源管理的座右铭。在水资源管理方面新加坡也实现了全民水源。政府通过各种宣传努力让人们意识到，水资源管理不仅是政府的责任更是每个人的责任，公共机构和私人要各尽所能，包括安装节水马桶水箱；建设信息平台；推动全民亲水活动。据介绍，新加坡的目标是将该国人均家庭用水量从目前的每天153升减到2030年的每天140升的水平。

（五）技术研发支持

新加坡水务科研世界领先。污水处理、新生水生产和海水淡化所采用的膜技术已居世界领先地位。公用事业局内的水供科技、培训及网络中心（简称水务中心）为新加坡水务科研提供一个战略性平台，海内外水务企业都可以此为跳板。2009年，国际水协会的东亚与太平洋区域办事处迁入了水务中心，以便于扩展在新加坡的水务研究活动的策略。新加坡南洋理工大学的纳阳科技公司是新加坡众多膜技术科研中心之一。新加坡政府明确水和环境科技是3个主要增长的领域之一，设立了环境与水务发展理事会来推动这个行业的发展。在水务解决方案领域，新加坡已具备这方面的源头优势，可成为主导开发水务研究和发展基地。新加坡在亚洲的战略性位置，吸引了全球的主要水务业者以新加坡为跳板，向周边地区扩展业务，并将新加坡作为新的水务处理技术试验平台和试行地点。

参考文献：

[1] 晓菲．新加坡开发四大“国家水喉”．西部时报，2007(9).

[2] 张晶．新加坡水事．今日国土，2008(3).

[3] 潘锋．新生水成为新加坡重要水源．科学时报，2006(9).

[4] 谭璐．岛国“水战”.21 世纪经济报道，2007(6).

[5] 李满．发展四大“水喉”战略 推动全民节水运动．广东建设报，2007(1).

第三章　苏黎世锡尔河：实现人与自然的双赢（瑞士）[①]

引　言

在瑞士，人与自然双赢的理念，并不停留在环保口号层面，而是早已固化在瑞士的环境立法中。瑞士联邦议会于 1991 年 1 月 24 日颁布了《联邦水保护法》，在总则中强调了制定该法律的目的：“防止水遭受各种形式的侵害，特别是要保护人类、动物和植物的健康，保证饮用水和其他用途用水的供应和经济使用，保持本土动植物的自然生境，保证水适合野生鱼类的生存需要，确保水成为地貌景观的要素之一，保证农田灌溉，允许水的娱乐用途，保证水文周期的自然功能。”从其制定的目的中，我们可以清晰地看到“人与自然和谐相处”的思想。

苏黎世是瑞士联邦中最大的城市，而锡尔河是苏黎世的第二大河，近年来锡尔河的水质受到污染。为了改善和利用城市中的滨河环境，苏黎世政府依据《联邦水保护法》、《联邦水道规划法》等，开展了以水治理为核心的锡尔河地区规划。整个景观更新过程长达十年，有效地改善了周边环境。

① 文章主要参考：赵梦《人与自然的双赢——苏黎世锡尔河滨河地区景观更新规划研究》，《中国园林》2012 年第 2 期。

一、概况

苏黎世位于瑞士北部的苏黎世州，是瑞士联邦最大的城市，也是享誉世界的商业、文化和金融中心。锡尔河是目前苏黎世境内的第二大河，发源于苏黎世南方的施维茨州，一路向北流经艾因西德伦附近的锡尔湖来到苏黎世，最终汇入城市中心的利马特河。

19 世纪以来，为了改善和利用城市中的滨河环境，苏黎世开展了多次河流整治工程。但随着城市化的发展，围绕锡尔河所产生的各种环境与社会问题逐渐突出：

（1）位于城市最南端的布鲁诺公有地曾经是瑞士军方的训练场，20 世纪 80 年代部队撤离后，由于河流的存在，这里始终处于闲置状态；

（2）早期的城市规划出于对河水流速的控制以及尽可能提高土地利用率的目的，将连接卢塞恩的锡尔霍克高速路直接架在了锡尔河的上方，使得相当长的一段河流周边环境质量极低，改造起来也很困难；

（3）位于布鲁诺地区以北的锡尔造纸厂对周边地区的环境造成了污染，对它的改造甚至拆除势在必行；

（4）由于最近 30 年来机动车的井喷式增长，苏黎世市区的停车压力越来越大，为了在不影响城市交通的前提下尽可能多地提供停车位，人们只好把部分停车空间悬挑到了锡尔河上方。

显然，早期的滨河地区规划已经无法满足如今人们对于绿色生态环境的需求，怎样通过合理的更新规划来改造这一地区，使其发挥应有的生态效应，进而在规划的同时为周边居民创造一个理想的游憩、休闲环境，成为摆在苏黎世城市规划与景观设计者面前的一道难题。

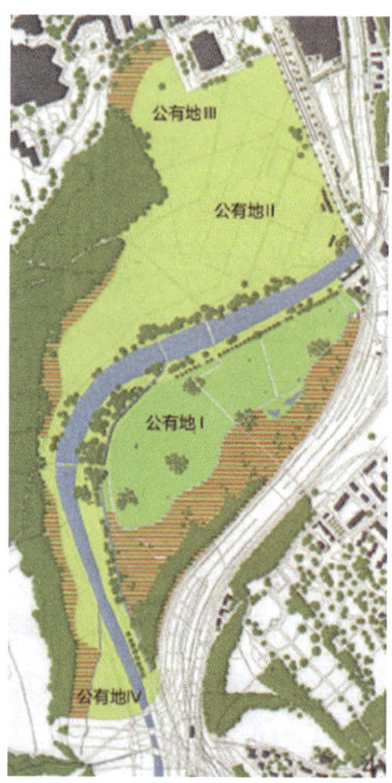

锡尔河地区和公有地地区示意图

二、锡尔河地区概念规划

一个多世纪以来，苏黎世城市公共空间的建设、维护和管理工作都是由“绿色城市苏黎世”负责完成的，它是苏黎世建筑工程与废弃物管理部辖下的一个综合机构，不仅有众多的行政管理人员，还拥有一定数量能够直接参与项目设计、管理工作的专业设计人员。

21世纪初，为了解决锡尔河及其周边地区的种种问题，“绿色城市苏黎世”邀请国内外相关专家作指导，通过设计竞赛与招投标结合的形式遴选优秀的规划方案加以实施。项目的设计任务书明确要求方案必须是基于“锡尔河地区”的综合规划设计。随后，一个名为“锡尔河地区概念规划”的设计方案浮出水面。

规划按照锡尔河沿线不同位置与自然的“亲近程度”以及可能开展的游憩活动形式，为不同的滨河区域做出了具有针对性的规划设计指导。

（一）布鲁诺地区南部的自然游憩地

布鲁诺公有地几个世纪以来都是苏黎世境外的军方训练场。自从土地重

新划归民用以后，这片场地已经闲置了十几年之久。规划方案将其设计成为 4 个具有不同功能的自然游憩空间。

（二）高速路下的自然区域

布鲁诺大桥与 UTO 大桥之间的锡尔河上方是连接苏黎世与卢塞恩的锡尔霍克高速路。这里的滨河环境受到上方公路的影响，很难形成好的视觉景观效果；同时，锡尔造纸厂对河流的污染严重破坏了周边的生态环境。因此，规划方案通过针对河流的生态设计，结合造纸厂改造后兴建的绿色建筑——锡尔之都，最大限度地改善了该区域的生态环境与景观效果。

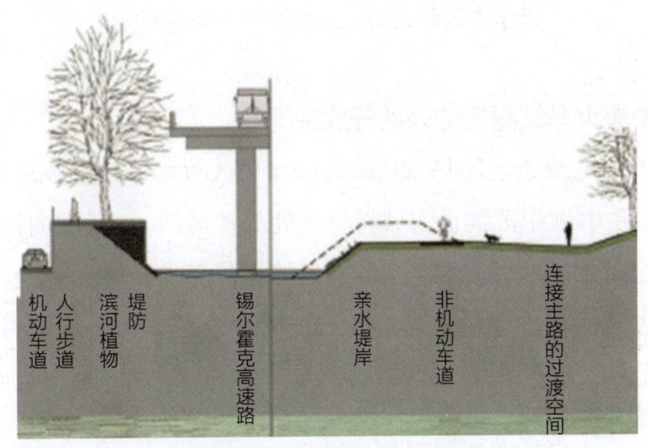

高速路下的滨河空间示意图

（三）UTO 大桥与锡尔霍兹利大桥之间的公共绿地

这一段锡尔河所在地区的环境由于一部分高速路以及附近古代庄园的存在而处于一种半封闭状态。规划方案将滨河两岸现存绿地更新为半开放式的城市公园；结合一些起辅助作用的公共游憩设施，为市民提供了更多的户外游憩选择。

（四）城市中的滨河景观带

从锡尔霍兹利大桥开始的滨河护堤笔直而硬朗，以此彰显这段区域的都市化特征（尽管如此，苏黎世也没有对沿岸进行渠化处理）。之后的护堤变成了 2 级台阶。这里的河水被设计为可亲近的：上层的步行道和复层亲水台阶增强了河流的独特魅力，吸引人们前来散步、放松或者静思；一些特别设计的构筑物伸入河中，使人们可以直接接触到河水。

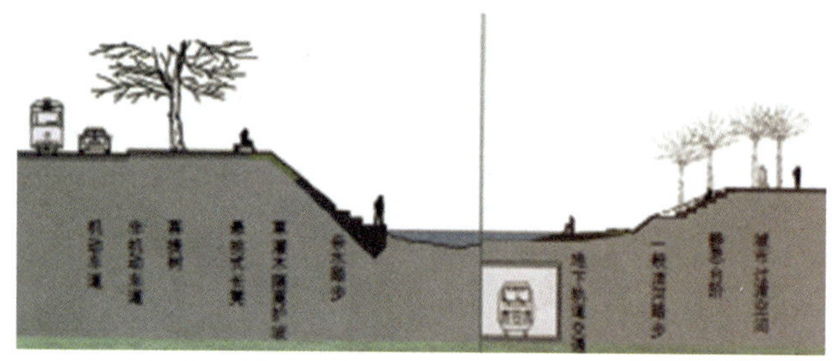

锡尔霍兹利大桥以北的滨河空间示意图

（五）中央火车站附近的公共开放空间

19世纪的河道改造运动将Schanzen运河从Gessner桥北改道汇入锡尔河。这条运河曾经是中世纪苏黎世古城堡外墙处的护城河。（运河内侧至今仍然能够看到中世纪时期的齿状城墙。）在规划的指导下，Schanzen运河与锡尔河的交汇处周边破旧的构筑物与遮蔽物都被清除殆尽，气势磅礴的河流交汇因此变得一览无余，使这里成为中央火车站前一个热闹的河流景观展示区。

三、已实施工程介绍

2003年，锡尔河地区概念规划经过多方论证并最终得到认可之后，“绿色城市苏黎世”便开始了规划项目的实施工作。

（一）城市南部的自然游憩地——布鲁诺公有地

为了进一步改善和利用布鲁诺公有地生态环境，经过与周边居民代表及相关责任部门的沟通，“绿色城市苏黎世”首先制定出了一个关于这里的未来发展纲要。这份名为《布鲁诺公有地更新改造原则》的文件主要提出了下面4个标准：①这里的定位是一个服务锡尔河周边居民的游憩活动地区；②向公众完全开放且内部具有多种游憩功能；③开发工作不能破坏原有的富饶景致与生物多样性；④必须易于到达。

在随后的工程建设过程中，由于被锡尔河分隔的南北两部分与城市的距离不同，出于环境保护以及不同游憩需求的考虑，整个地块最终被划分为 4 个部分。公有地 IV 区因与城市南方的荒野地墓园接壤，最终保留了完全原始的状态；公有地 III 区由于邻近城市内部，其景观以小尺度宜人的绿色开放空间为主；公有地 II 区为体育运动区；公有地 I 区是一片更加远离城市的自然区域，其更新、改造要求相对严格——这里不仅划定了明确的游憩活动范围和场地管理策略，而且还使用 1.3 米的围栏圈定出一个严禁宠物进入的“家庭游憩区”。

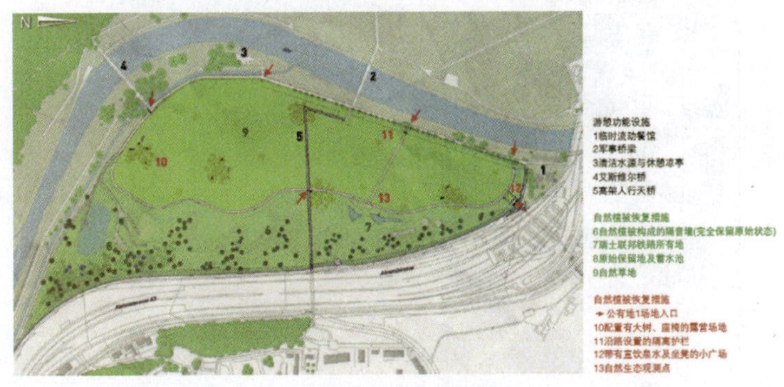

公有地 I 区平面图

河流改造方面，布鲁诺公有地内的锡尔河主要通过几处橡胶坝控制水位。这里向人们展示的是一种完全自然的多弯道水系。河中央布置了许多由茂密丛生的植物与碎石组成的小岛；自然形态的滩涂构成了亲水的 2 级台阶，上面的大面积草坪可供人们露营和休憩。

布鲁诺公有地的河岸空间

（二）造纸厂原址上的滨河开放空间

从布鲁诺大桥到 UTO 大桥之间的锡尔河被高高架起的锡尔霍克公路遮蔽，形成了一段非常特殊的滨河空间。作为苏黎世的南部入口，该区域具有重要的承接作用。临河而建的布鲁诺地区锡尔造纸厂已经被拆除，原址上建设了一个大型购物中心以提升地区活力。

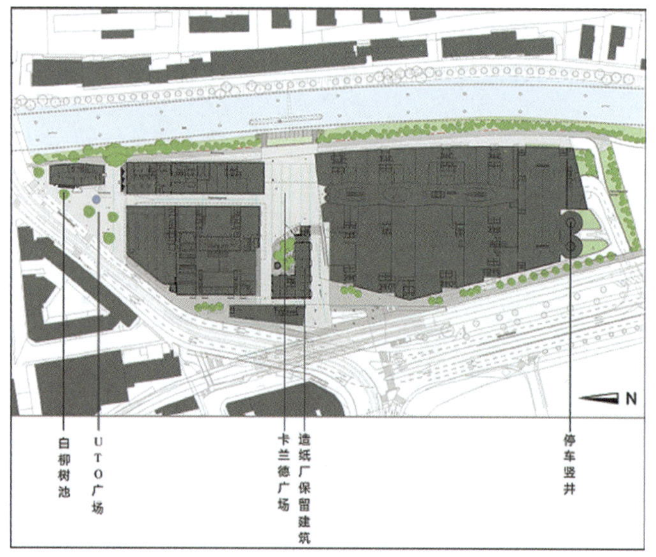

锡尔之都平面图

卡兰德广场的滨水台阶

（三）锡尔之都的绿色屋面

考虑到河流生态系统与城市生态系统的连续性需求，景观更新工程特意对锡尔之都的屋顶进行了绿化建设，旨在创造一个位于屋顶的“生物群落踏脚石”，以此帮助动、植物免于直接面对那些与它们习性相反的城市化区域，并且为个体间的能量交换提供可能。

作为当前苏黎世最大的绿色建筑，锡尔之都的屋顶绿化面积达到了21550平方米，约占整个屋面的85%。其绿化在一定范围内运用几种先锋植物以不同的排列组合方式在屋面上构成了一系列清晰可辨的带状图案。建筑的屋顶绿化与滨河开放空间的更新建设为这一段锡尔霍克公路下部的滨河地区创造了重要而宝贵的生物多样性条件；它们与锡尔河这个天然的生态廊道相结合，共同为周边地区带来了更多的生物物种，突破了苏黎世屋顶绿化平均只有15～25种植物的水平，有力地响应了政府向社会做出的建设绿色城市的承诺。

屋面植物形成的带状图案

四、锡尔河滨河地区发展经验

（一）将游憩活动与开发规划相结合

锡尔河滨河地区景观更新规划注重游憩活动的开发，却通过其空间布局对游憩行为进行了相当程度的限制，从而在一定的游憩活动类别空间中，能够轻松地对可能开展的游憩活动制定具有针对性的可持续性标准并实施相应的管理行动计划。这样就为后期环境资源受到不可逆损害时所要采取的应对工作提供了技术前提，从而大大减少了后期规划调整所带来的人力、物力消耗。在此基础上开展的滨河地区景观更新规划，势必更加科学、自然、有效。

（二）将独特场所属性与整体开发规划相结合

如前所述，苏黎世市域范围内锡尔河沿岸的环境差异较大；因此，河流沿岸不同地区不同的生态资源状况需要采取的保护策略也有很大的差异。

以城市南端布鲁诺地区的大片空地为例：这里的环境非常偏向原始自然状态，到处是成片的草地与茂密的树林，锡尔河在这里蜿蜒流淌，形成了一个天然公园。因此，更新规划不必在此做大规模土地开发——尽可能地保持现状，并提供相应严格控制的游憩活动形式就是最好的景观更新手段。

由于布鲁诺内部面积较大，各片区与市中心及锡尔河的距离不同，使得公有地Ⅰ～Ⅳ区域拥有各自独立的资源保护手段和与之对应的游憩活动类别。故其保护级别从严格保护的自然区域到适度开发的城市边缘区域逐渐过渡，相应的游憩活动形式也从小规模分散式空间布局向中等规模组团式分布逐渐变化。

参考文献：

[1] 赵梦．人与自然的双赢——苏黎世锡尔河滨河地区景观更新规划研究．中国园林，2012（2）：37–41．

[2] 锡尔河：因过度使用而即将枯竭的河流．新浪网，http://travel.sina.com.cn/world/2014-01-15/1535243572_3.shtml．

第四章　伦敦奥运场址土壤变色记（英国）

引　言

作为工业革命的发源地，英国蓬勃的工业发展不仅带来社会经济的发展，同时也造成了严重的土壤及地下水污染问题。英国政府曾在1990年《环境保护法》（以下简称《环境法》）中要求地方政府必须准备一个污染土壤的公众登记名册，然而由于会对财产带来不良影响，该规定并未得到切实执行。直至1995年英国《环境法》将土壤污染防治法规引入环境法规范后，英国的土壤污染防治制度才得以确立。该法规的制定最主要目的是解决历史遗留的污染土壤问题，着力于提高这些土壤的利用能力并降低其对公众带来损害的可能性，通过确定问题、评估风险、决定合理赔偿、评价成本和确定付费人等，追溯过去并防患未然。

2012年伦敦奥运会，在确定选址东部斯特拉特福德地区之后，伦敦政府启动了“毒土”清洗计划。依据《环境法》《污染防治法》等法律中关于污染治理的规定，使得垃圾场和废弃工地的土壤的治理得以顺利进行，并取得了显著的效果。

在英国著名侦探小说家柯南·道尔笔下，雾都伦敦最危险之处就莫过于东区。2012年奥运会使得西区繁荣光芒“遗忘”之下的伦敦东区有了涅槃的机会。

伦敦奥林匹克中心坐落于伦敦东部泰晤士河支流利河河岸。相比伦敦西区的繁荣和贵族气，伦敦东区在历史上被看成是贫民区，早在17世纪和18世纪，东区是集纺织、印刷、炼油、化学品等工业工厂的聚集地。工业革命时期给东区留下了一大片“创伤”——被工业企业污染过的“毒土”。2012年伦敦奥运会使其奥林匹克公园凭借“伦敦碗”和“红色观光塔”变身为新的城市名片，不过大家想象不到的是，伦敦政府为了使这片土地复苏变色，付出了3.8亿英镑的代价。

一、伦敦奥运会场址修复历程

可持续发展理念使英国在进行奥运场馆的选址时，将目光投向伦敦东部斯特拉特福德的垃圾场和废弃工地上，这块2.5平千米的土地曾遭受数十年的严重污染。这项开发计划要求重新使用80%被污染的土壤，大部分受污染的土地要改造成奥运场馆、公共用地和住宅，为伦敦东部地区赋予新的生命。奥林匹克公园不仅能够为“绿色奥运”主题提供完美的支持，并且能够向伦敦提供一块未来可持续开发的场地。

自2006年10月以来，伦敦政府对该块土地的污染情况进行了接近3000次的现场调查。经过调查显示，这块土地上的工业污染物主要包括石油、汽油、焦油、氰化物、砷、铅和一些非常低含量的放射性物质。并且已有大量有毒工业溶剂渗入地下水，一些重金属甚至渗入地下40米的地下水和基岩中。

调查结束后，环保署制订了详细的生态恢复计划，其中最重要的一部分就是给这块土地“解毒”。为了达到80%被污染土壤重新使用的目标，伦敦奥林匹克交付局（ODA）采用“土壤洗衣机”对污染土壤进行清洁。修复工作开始时，先将这块土地上超过 200 栋建筑拆除，其中按重量计算 97% 的材料被回收投入重新利用。然后将接近 100 万立方米的受污染泥土挖出，运进巨型土壤“洗衣机”，被处理后的土壤完全恢复“干净安全”的标准，即使被小孩不小心吞下都不会有问题。整个修复工作历经两年的时间，最终超额完成了既定目标，85% 的土壤被净化后重新用于奥林匹克公园的建设。多座场馆拔地而起，奥林匹克场址的修复成为伦敦历史上最大的一次泥土清洁工程。

修复前的伦敦东部斯特拉特福德地区

修复后的伦敦东部斯特拉特福德地区

二、伦敦奥林匹克土壤修复的主要技术

奥运会场址的修复工作由伦敦奥运交付管理局（ODA）负责，按照要求，ODA要在两年的时间按内将东伦敦这块占地面积约2.5平方千米的棕色的“毒土”转变为绿色的土壤（“brown to green”）。由于ODA并不懂得土壤治理的专业技术，因此ODA找来了咨询公司Atkins，由Atkins公司作为代表，全面监管项目。而ODA与大伦敦市政府组织机构等只是负责评估相关治理方案，及确保方案的顺利实施和完成。

Atkins公司将治理场地分为了南北两块，分别由Morrison Construction和Bam Nuttall两家工程公司承包，而具体的修复技术则由DEC、HBR等环境修复公司提供。DEC公司提供了其中最重要的“土壤淋洗”技术，治理工作量占到总工作量的60%以上。

“土壤洗衣机”运用的主要工作原理包括是土壤稳定和固定，土壤淋洗和生物修复技术。污染的土壤被挖起后，先进行大规模土壤“洗澡”，分离掉沙子和碎石。然后将分离后的土壤放入洗涤塔中进行处理，加入洗涤剂，分离掉重金属，但是由于采取洗涤方式并不能将土壤全部“洗净”，因此还要在土壤中加入牛奶与植物油，促进细菌在泥土里生长繁殖，加速分解污染物。单独使用土壤淋洗法无法完全清除土壤污染，故通常需搭配其他处理方法将土壤污染完整清除。因此，英国最终采取了生物修复和土壤稳定与土壤淋洗法相结合的方式对伦敦东区的土壤进行处理。从2006年到2010年，这一项目

碎石分离—土壤清洗—安全检验过程

总共治理毒土约200万吨，除此之外，还同时治理了近2千万加仑[①]的污染地下水。

三、土壤修复带来的效益

伦敦东区的土壤修复带来的最直接的效益就是令人印象深刻的2012年伦敦奥运会的盛况。“伦敦碗”、水上中心、林荫路等，让世界各地的人们感受到了伦敦这座古城的独特魅力。除了直接的环境效益，这次土壤修复项目还给伦敦东区带来了巨大的经济效益。其中最直接的反映是房价的高涨。不仅如此，奥运会期间新建的很多基础设施，带动了很多就业机会，随着东区环境的改善，上万人会搬到这里居住，在这里生活。在维多利亚时期被视为“贫民窟”的伦敦东区，400多年重工业基地的历史造成的恶劣环境，但如今奥运会的到来让这里发生了翻天覆地的变化。东区被重新赋予了生命力！

四、项目的成功保障

（一）充足的资金支持

作为伦敦奥运会奥林匹克公园的场址，斯特拉特福德地区的土壤修复是上到英国首相下到普通民众都密切关心的事情，得到了政府充足的资金支持，因此，伦敦奥林匹克交付局（ODA）可以选择费用相对较高的“土壤淋洗”法在两年内就完成了接近100万立方米的受污染土壤的修复工作。根据奥组委提供的数字，整个奥林匹克园区仅清洗改造成本预算就在3.8亿英镑以上。没有奥运会的推动，很难有开发商有动力去开发这么一大片土地。

（二）高效的实施方式

英国奥运会场址的治理工作分为了四级机构进行监管和实施，第一级是负责工作验收的ODA，第二级是负责总体协调的咨询公司Atkins公司，第三级是负责施工的工程公司Morrison Construction和Bam Nuttall公司，第四级是负责技术指导的环境修复公司DEC、HBR等环境修复公司。这种组织方式看似繁冗复杂，其实是多个机构相互配合，分工合作，共同完成土

① 1加仑＝4.54升（英）。

壤修复工作。相较于单个土壤修复公司负责包括从前期的污染评估一直到最后项目验收的所有工作来说，这样既可以充分保证项目实施的高效性又避免了单个公司的不合理操作。

（三）先进的修复技术

英国政府选用的土壤淋洗技术，是目前土壤修复中见效最快的技术之一，土壤淋洗技术是通过淋洗剂与土壤中的重金属反应，将土壤固相中的重金属转移到液相中，从而达到清洗土壤的目的。同时辅助土壤稳定固定和生物修复的方式，保证污染物的固定和分解，使得修复效果更好，最终超额完成了修复 80% 的预定目标。

参考文献：

[1] 胡军 . 伦敦奥运会的可持续发展理念 . 体育文化导刊，2012(2).

[2] 毕淑娟 . 伦敦奥运会：打造史上最环保奥运会 . 中国联合商报，2012-8-13(D04 版).

[3] 赵川 . “创伤”变遗产：解码伦敦奥运毒土“清洗” .21 世纪经济报道，2012 -8 -21(022 版).

[4] 马云川 . 修复土地当因地制宜 . 地球，2012(9).

旧城改造篇

第一章　鲁尔: 资源型城市的历史转身(德国)

引　言

鲁尔的城市转型，经历了40余年，涉及11个直辖市和4个县级市共54个镇的改造，联合了联邦、州和市三级政府共同参与。对于如此大规模、长时间的城市改造，必须依靠政策和法规的支持。

早在1966年，鲁尔开发协会编制了鲁尔工业区第一个总体发展规划，并于1969年经过修改和补充，最终以法律形式予以正式公布，这也是原西德第一个在法律上正式生效的区域整治规划。此后，德国政府在鲁尔区的改造振兴中先后制定了《联邦区域整治法》、《煤矿改造法》、《投资补贴法》、《环境基本法》等法律法规。这从客观方面保证了各项规划长期、稳定地实施，避免了政策变动的随意性，从而保障了地区改造按照预订轨道进行。

一、从工业振兴到资源咒诅

鲁尔区是世界上最大的工业区之一，它不是一个独立的行政机构，而是由北威州中部的11个直辖市和4个县级市的总计54个镇组成的“鲁尔区城市联盟”因坐落于鲁尔河两岸而得名。

“二战”后，欧洲重建和经济振兴带动了鲁尔区再度繁荣。煤炭、钢铁和能源工业使鲁尔区成为德国最重要的工业基地，但是，从 20 世纪 60 年代开始，在新一轮全球产业革命浪潮的冲击下，随着世界煤炭产量迅速增长、石油和天然气的广泛使用，鲁尔区煤炭储量急剧下降、开采成本日益昂贵、环保压力加大，百年不衰的鲁尔区爆发了历时 10 年之久的煤业和钢铁危机。原有的以采煤、钢铁、煤化工、重型机械为基础的重化工业经济结构日益显露弊端，煤矿关闭，冶炼厂停产，大量工人失业，鲁尔区陷入了低谷。

二、产业结构调整历程

20 世纪 60 年代，鲁尔区开始进行调整工业结构与布局，发展第三产业和优化生态环境等方面的综合整治。德国人没有采取大拆大建的“除锈”行动，而是让这个破败的大型工业区在数十年后转变成了全新概念的现代生活空间。鲁尔工业区的转型大致分为 3 个阶段：

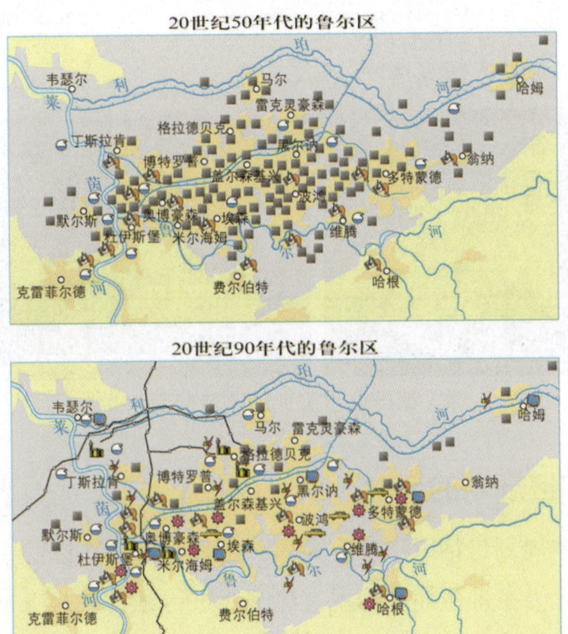

煤炭工业　钢铁工业　化学工业　电力工业　煤田　城区
机械工业　汽车制造　电子工业　石油加工工业　输油管道

(1) 20 世纪 60 年代：制订调整产业结构的指导方案，通过提供优惠政策和财政补贴对传统产业进行清理改造，投入大量资金改善当地的交通基础设施，兴建和扩建高校和科研机构，集中整治土地等。

(2) 20 世纪 70 年代。在继续加大第一阶段措施的同时，重点通过提供经济和技术方面的援助，逐步在当地发展新兴产业，以掌握结构调整的主动权。

(3) 20 世纪 80 年代至今。充分发挥鲁尔区内不同地区的区域优势，形成各具特色的优势行业，实现产业结构的多样化。

三、鲁尔区改造的成效

经过综合整治，鲁尔区经济结构趋于协调，工业布局趋于合理，经济由衰落转向繁荣，改变了重工业区环境污染严重的局面，成为环境优美地区，其中煤矿从 1957 年的 140 座减至 7 座，煤矿工人从 47 万减少到 4 万；钢铁厂从 26 个减少到 4 个，从业人员从 30 万下降到不足 5 万；服务业和其他新兴产业蓬勃发展，已取代煤钢业成为支柱产业，仅服务业就吸引了该地区64%的从业人员，总人数高达95万人。

德国鲁尔工业区改造前后

四、鲁尔区规划的元素

工业区总体规划包括以下基本元素：土地再利用，以防止未开发的土地被继续开发；对仍在寿命期内的现有建筑物进行维护、改善及再利用；新旧建筑都以保护生态环境为基础；将工业区的生产结构向有利于环保生产方式的方向转变；突出建筑设计：建筑设计是环境、社会和经济再生战略的重要元素。

（一）产业景观的整体保护

德国煤炭业联盟厂包含了采煤场和炼焦厂，是整个鲁尔区价值最突显的遗产地，这个在1930年已经设立的基地因其建筑的整体性设计和采矿技术的先进性在当时享誉全世界。现在，从传输带、厂房到生产设备，矿区内几乎所有呈现往日先进生产过程的建筑和构筑都经过精心梳理留存下来，并为这个矿区可能转换为一个活的产业博物馆做出了准备。2001年12月它被联合国教科文组织列入了世界文化遗产名录。

（二）工业构筑重获生命

废弃的钢铁工厂成为儿童与青少年的各种训练基地。在景观公园里，昔日的厂区可以变成男女老少聚集的溜冰场，而巨大水泥构筑物原来存放炼钢用的焦煤，而现在被改造成了一个攀岩训练场，水泥岩壁上增设了适合不同水平的攀岩者路径，吸引了各种年龄的攀岩爱好者。因为这个场地的设立，

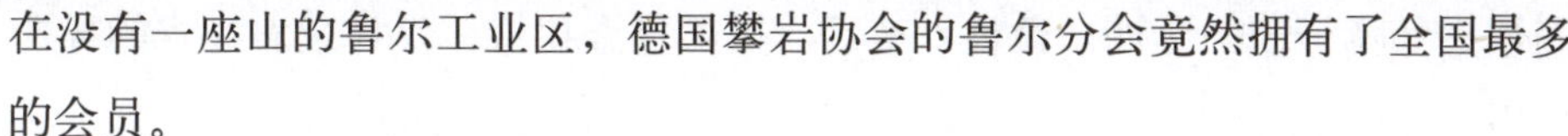

在没有一座山的鲁尔工业区，德国攀岩协会的鲁尔分会竟然拥有了全国最多的会员。

（三）工业基地成为活教材

巨型圆桶大瓦斯槽曾提供炼钢厂所需的瓦斯燃料，它直径67米，高118米，属全欧洲之最。1994年，这个被公认为“景观杀手”的庞然大物却被改造成全欧洲最大也是最奇特的展览场所，一个尺度惊人的、全封闭式的单一展览空间，留存了工业时代完整的空间记忆，又使其变成了一个富有文化内涵的标志物。每年夏天大瓦斯槽都会举办主题展览。德国煤炭业联盟厂包含的采煤场和炼焦厂如今已经是一个活的博物馆，厂房和传输带都是展览空间的组成。

（四）从旧烟囱、煤渣山到寻梦乐园

德国鲁尔工业区的更新计划为全世界的旧工业区改造提供了范本。它的策略不是废旧立新，而是旧物再利用。通过改变原有建筑、设施及场地的功能，既再现了工业区的历史，又为人们提供了文化、娱乐生活的园地。

五、成功的经验

（一）发挥政府主导作用，协调联邦、州和市三级政府共同参与

首先，联邦政府经济部下设联邦地区发展规划委员会和执行委员会，州政府设立地区发展委员会及实行地区会议制度，市政府成立劳动局和经济促进会等职能部门，专门负责老工业基地振兴的综合协调，以克服“议而不决、决而不行、行而低效”的弊端；其次，分期制定振兴规划，以规划的广泛认

同性来保障行动的协调一致性；最后，提供资金扶持，发挥政府投资的导向作用。

（二）改造传统产业，完善基础设施

1968 年，北威州政府制定了第一个产业结构调整方案“鲁尔发展纲要”，对矿区进行重点清理整顿，将采煤集中到赢利多和机械化水平高的大矿井，类似于中国的“关、停、并、转”，同时采取一系列优惠政策扶持并改造煤钢业。这些优惠政策包括价格补贴、税收优惠、投资补贴、政府收购、矿工补贴、环保资助、研究与发展补助等。此外，各级政府还通过大力改善当地交通基础设施、兴建和扩建高校和科研机构、集中整治土地等措施，为鲁尔区下一步的发展奠定基础。

（三）吸引资金和技术，大力扶持新兴产业

1979 年，联邦政府与各级地方政府及工业协会、工会等有关方面联合制定了“鲁尔行动计划”，旨在逐步发展新兴产业，以掌握结构调整的主导权。例如，为优化投资结构，北威州规定：凡是生物技术等新兴产业的企业在当地落户，将给予大型企业投资者 28%、小型企业投资者 18%的经济补贴。

（四）因地制宜实现产业结构多样化

德国政府 1989 年制订了“矿冶地区未来动议”，近年来又着手实施“欧盟与北威州联合计划”，其目标是充分发挥鲁尔区内不同的区域优势，形成各具特色的优势行业，实现产业结构的多样化。例如：多特蒙德依托众多的高校和科研机构，大力发展软件业；杜伊斯堡发挥其港口优势，成为贸易中心，并建立了“船运博物馆”；埃森则凭借其广阔的森林和湖泊，成为当地的休闲和服务业中心等。

（五）筑起社会保障大堤

完善的保险制度起到了关键性的作用。德国保险业的基本险种分为养老保险、医疗保险、失业保险（补贴）以及公职人员退休金和职工病假工资等。

（六）积极创造就业

政府为解决产业结构调整过程中的失业问题，在大力发展加工业和服务

业等劳动密集型产业的同时，加强人员培训，提高他们的职业技能，多方面拓展就业渠道。目前，鲁尔区 80%的劳动力从事旅游、商业、服务等第三产业。

（七）中小企业是“脊梁”

政府制定了鼓励向中小科技企业进行风险投资的计划以及联合研究和创新网络计划，促进和加强中小企业与科研机构的合作。目前，80%的劳动力在中小企业就业，中小企业被称为德国经济的“脊梁”。

（八）改善环境质量

鲁尔区在转型过程中高度重视环境保护，采取了有力措施改善一度被严重污染的环境，如限制污染气体和污水的排放、建立空气质量监测系统等。特别是针对产业撤退后土地污染严重、清理耗资巨大、私企无利可图的问题，州政府设立土地基金，购地后进行修复，土地经过消毒等处理后再出让给新企业，成为新的工业用地、绿地或者居民区。目前，北威州拥有 1600 多家环保企业，成为欧洲领先的环保技术中心。环保业成为了当地的支柱产业。

参考文献：

[1] 李蕾蕾．逆工业化与工业遗产旅游开发：德国鲁尔区的实践过程与开发模式．世界地理研究，2002(9).

[2] 王军．关于老工业区改造与“转方式、调结构”的思考——德国鲁尔区经济结构调整对青岛的借鉴．中国发展，2012(6).

[3] 陈涛．德国鲁尔工业区衰退与转型研究．吉林大学，2009(4).

[4] 任保平．欧盟一体化进程中德国鲁尔区的产业转型绩效分析及其启示．西安财经学院学报，2006(12).

[5] 叶鹏．浅析德国鲁尔区工业旅游开发举措与模式．当代经济（下半月），2008(8).

第二章 弗莱堡沃邦居住区：旧军营生态改造记（德国）

引 言

弗莱堡沃邦居住区的改造，分别从土地利用、城市交通、能源供应、水源利用与保护、植被保护等方面进行综合设计，其中最核心的是绿色节能建筑的建设。沃邦区的改造之所以如此成功，成为各国争相效仿的范例，与德国在建筑节能与环保立法方面的领先性是分不开的。

早在1976年，德国就通过了第一部节能法规《建筑节能法》；1977年，德国开始实施《建筑物热保护条例》，该条例又分别于1982年、1994年和2001年进行了3次修改；除此之外，德国政府还相继公布了《建筑采暖装置条例》和《建筑物供热费用条例》两个相关的建筑节能条例。这些政策法规给沃邦区的改造以及生态节能建筑的推广提供了有力保障。

除了建筑节能方面的立法外，德国还出台了《可再生能源法》，通过电力入网补贴等方式促进太阳能、风能、生物质能和水能等可再生能源的发展。有了法律规定的补贴，以及配套的设备贷款与优惠电价措施，沃邦区的太阳能与增能房得到了广泛的应用。

一、沃邦居住区概况

沃邦居住区位于德国弗莱堡市南郊，距市中心约3千米，原为法国占领军兵营，建于1938年，面积38公顷。

“二战”之后，该地区由法国军队占领，并且以法国建筑大师之名给该地区取名为“沃邦城区”。法国军队撤退后，沃邦城区归属于联邦资产管理局，1992年，弗莱堡市政当局以204.5万欧元的价格买下了这块面积为38公顷的地皮，把它作为城市居民区来发展。其中的34公顷用于实施发展政策，其他4公顷的土地由大学学生会和自发独立居民点提倡组织接管。

1994年，弗莱堡市举办了一次城市建筑规划大赛。同年，为了适应市场需求，第一期建筑工程开始施工，而早在1998年3月，一期工程的时候，业主便可根据自己喜好对房屋进行独特风格的建筑。1998年底，第一批“新市民”入住沃邦区。

二、能源利用与可持续发展

弗莱堡是德国少有的人口正增长城市，市民对能源使用的紧迫意识十分强烈。沃邦小区内的古树大多得以保存。楼房之间的绿化带不仅能改良小气候，也是儿童游玩的场所。市区内的公共基础设施如学校、幼儿园、青少年活动中心、居民活动站、商贸市场和休闲娱乐场等也日趋完善。

（一）绿化带建设

沃邦区将修建5个绿地带，这5个绿化地段对住房区进行划分，并使其显得不那么拥挤，绿化带还可以帮助沃邦区提高其住宅环境，儿童可以在绿色带上玩耍，此外，还有助于改善沃邦区的空气流通。许多沃邦区的居民也参与到关于绿地建设计划的研讨会之中。沃邦区的绿色政策还将通过更多的空地及生物群保护区得以补充。

（二）雨水收集与利用

在沃邦区没有特定的雨水渠。雨水通过户外铺设的水渠被引入位于区中心位置的两个小水沟中然后在那进行渗漏，大部分降水并不会给排水渠造成压力，有助于保护下游及增加“现有的”地下水量。此外，许多业主收集蓄水池中的降水然后用于其他的用途。

（三）节能环保房的推广

在沃邦的建筑计划中，体现出了同步策划的生态理念。这些理念也会在房屋出售合同中体现出来，以让未来的业主也明确知晓沃邦的生态理念，其中要履行的主要义务是必须按照弗莱堡标准的能耗能建筑方式建造房屋（每年每平方65千瓦）。一些楼房（目前是277个住房单元）被建成了节能环保房，这些房屋的耗能量为每年每平方15千瓦。

（四）太阳能与增能房

任何居民想在屋顶上加装太阳能光电板，除了可获得10年或20年不等的 3%到 4%低息贷款补助设备与施工成本，更可获得 20 年保证收购太阳光电的优惠电价措施。在近来兴建的沃邦小区，我们还能见到超过 50 栋的增能屋（plus energy houses），所谓增能房，就是这些建筑所产出的能量甚至比消耗的能量还要多，这些多余的电量会由能源公司收购。一眼望去，每栋住宅屋顶都是满满的太阳能光电板。这种以太阳能光电板作为屋顶的建材，免去一般屋顶上再加装太阳能板的设计，一体成形，使太阳能光电板更为坚固，使用寿命超过 20 年。除了增能房区，其他房屋的热能均由利用木屑进行热能发电的联合热电站提供，其持续发电可满足沃邦约 700 家住户的需求。

三、方便出行的交通设施

沃邦区交通规划的目标是打造具有高居住质量的居民区并最大限度满足方便出行的要求。规划考虑到将该样板城区与短途公共交通妥善地连接在一起，并优先照顾步行及骑车出行的人。包括：给周边的穿过沃邦城区主干道的甲级公路分等级；在沃邦主路林荫大道旁设立管理有序的停车区域；禁止在安静的居民街道上建有公共停车场；补充建设步行和自行车道；步行区域内禁止任何车辆通行等。

在德国，建造房屋的时候公民有在地皮上建立停车位的义务。而在沃邦区则与之相反，业主在一些规定的街区内免于承担停车位义务。这对无车的住户直接有利，因为一个停车位的价格在 15000 欧元到 20000 欧元之间，而无车的住户只需要向沃邦城区协会缴纳3700欧元即可不用负担该笔车位费用。因此在沃邦，70%的家庭没有车，57%的家庭为住到这里把车卖掉。2006 年，连接市中心和沃邦区的有轨电车通车，自行车道也改建完毕，使更多的居民放弃使用私家车而改乘公交车或使用自行车。

在沃邦居住区内，街头停车位、家庭车库、汽车道都是被禁止的，绝大部分马路不允许私车上路，只有从镇中心通往弗莱堡的主要干线上可以开车。在镇的边界集中设有两个公用车库，有车的房主以大约相当于 4 万美元的价格买个车位，出游归来时把车停在这里，保证人进镇车不进镇；远行时也要步行到这个车库启程。在这里，行人具有道路优先使用权。开车的人只能以步行速度行驶并且必须时刻小心，因为行人可以使用整个街道宽度，儿童可以在任何地方嬉戏，并且除了上下车以及装卸货之外，禁止在标记区域以外停车。与此同时，区政府也致力于发展公共交通体系，沃邦到周边城区及乡镇的公交系统相当发达。

交通规划的效果是显而易见的：更好的空气质量，更少的噪声和街道上更多的生机。有孩子的家庭更青睐于搬到这一城区：2007 年时这里约有 5000 名居民，其中 30% 的人年龄低于 18 岁。这是因为孩子们在这儿比在其他任何地方都有更多的游戏和发展空间。在交通并不繁忙的平静街道上，由机动车交通造成的危害大大减少了。

四、沃邦居住区改造的经验

弗莱堡市在对旧军营进行生态改造过程中，分别从土地利用、城市交通、能源供应、水源利用与保护、植被保护等方面进行综合设计，通过城市合理规划、公共交通建设、太阳能利用等手段将一个废弃的旧军营建设成为居住环境优越的生活区。

从政府公共管理层面来看，沃邦城区制定了一个能有效减少车辆的便利出行规划方案，设定了标准房屋部件设计和协作性建筑方式，提倡公众参与整个规划过程，并实施了具有可持续性的水资源管制和建筑垃圾管理，提倡具有能源意识的建筑行为。

从居住区居民个人层面上来看，沃邦是一个富有吸引力、适宜小家庭居住的社区，居民以主动性强，环保意识浓厚著称。区内的房屋多为集体建造，以环保、节能为宗旨。低耗能、能源自给、利用太阳能等可再生能源，成为该区大多数居民自愿遵循的建房准则。

参考文献：

[1] 王一茹 . 德国弗莱堡市 灿烂阳光下的童话之城 . 走向世界，2012(12).
[2] 董珊珊 . 探析弗莱堡生态环境治理的经验及其对我国节能减排的启示 . 现代经济信息，2014(12).
[3] 李忠东 . “阳光地带”弗莱堡城 . 中关村，2010(6).
[4] 胡晓康 . 居住区规划中的低碳理念相关问题研究 . 河北农业大学，2012(5).

第三章　法兰西老工业基地的产业转型升级（法国）

引　言

法国自20世纪60年代后期开始，通过企业转型、产业调整、发展块状经济等途径，以及采取促进人员转移、发展中小企业和手工业、引导产业集聚等举措成功地对煤炭、钢铁、纺织老工业基地实施了产业转型。

法国老工业基地的改造与升级，离不开一系列政策法规的扶持。通过将老工业基地的产业转型纳入到法治轨道，有效地保证人员就业、投资补贴等各项政策的稳定有效实施。

法国《城市规划法典》在原则上将城市整治的权限转移到市镇，可制定各自的市镇规划方案。这一原则使得各地区的转型规划可以更为灵活，以适应自身特点。比如洛林地区，因其地理优势及良好的经济基础，在制定该地区的产业转型规划时，侧重开发尖端工业、发展高新技术产业。这一举措使得洛林地区的改造更有针对性，并促进其产业集群结构及能级的有效提升和其规模的不断扩大，从而实现其产业型态的根本转变。

一、基本情况

法国产业转型涉及的主要是那些资源耗竭态势明显，并以传统产业为主和由于污染及原有工业区被破坏，经济发展及社会生活环境处于不利状态，中小企业发展明显落后的老工业基地，以洛林为代表。由于洛林地区蕴藏着丰富的煤和铁，因此，很早即已发展成为以煤炭、钢铁为主体的重要工业基地。洛林铁矿是西欧最大的铁矿，分布在摩泽尔河两岸，从南锡一直伸展到卢森堡边界。铁矿区以东的摩泽尔煤田是法国的第二大煤田。铁矿和煤的结合为这里成为法国最大的综合性炼钢工业基地奠定了基础。1968 年，洛林的生铁产量达 1176 万吨，约占法国全国生铁总产量的 71%，钢产量 1280 万吨，占全法总量的 63%。从 20 世纪 60 年代开始，由于煤、铁资源的逐渐枯竭，以钢铁、煤炭业为主体的地区经济发展迅速步入难以为继的困难境地。又由于洛林地区地处欧洲心脏地带，交通通讯网络密集，与外界联系密切，加上原有经济及工业的良好基础，因此，又被认为是一个开发尖端工业、发展高新技术产业的理想之地。因此，洛林地区成为法国最早实施产业转型的一个地区。

二、转型经过

法国老工业基地产业改造与工业转型涉及的主要行业部门为煤炭开采业、钢铁工业和纺织工业等传统产业，其原因：一是产品生产成本过高，市场竞争能力严重下滑；二是资源趋于枯竭，生产发展所赖以存在的基础不断被削弱；三是世界经济危机的影响。老工业基地的产业改造与工业转型大致经历了以下几个发展阶段：

（一）酝酿阶段

从 20 世纪 50 年代中期开始到 60 年代中期，中止在 Autun 的页岩开采和关闭 Hennebont 钢铁基地，开始创建资助工业企业改变其经济活动方向的金融机构，并在 1956 年提出第一批以矿业和纺织业为主的工业困难地区清单，在 1964 年，拟定了准备实施资助的地区发展区域和产业转型地区名单。

（二）起步试验阶段

1967 年，以任命首批产业转型地区特派员和由煤炭部建立“促进矿山工业化金融公司”为标志，法国产业转型进入实质性的试验操作阶段。接着，从 1968 年开始相继提出和制定了一些地区（如洛林地区）和部门（如煤炭、钢铁部门）的产业转型规划。1972 年，创立矿区转型部际组合；1979 年，创立工业转型专门基金，用于对产业转型的困难地区实施补贴和专门信贷。

（三）大规模展开阶段

20 世纪 80 年代后，法国主要的大型传统产业部门均相继开始其大范围的转型过程。1984 年，法国在全国范围内确定了 15 个工业转型的试验单位和试点地区（优先地区），老工业基地的大规模产业转型帷幕由此拉开。

三、基本途径

法国老工业基地的产业改造与转型，从对不同产业的发展进行轻重缓急的战略性安排（产业选择），确定其与时俱进的动态产业架构（产业及其结构定位）入手，以传统产业内的企业改造和转型为重点，以科技进步、技术创新及其成果的应用为支撑，实现产业能级及其结构的提升，最终形成整个区域经济与产业的快速、高效、可持续发展格局。

（一）企业转型

以对老工业基地已有传统产业内企业的经济活动方向及形态的根本改变为目标，促使企业抛弃其原有的产业活动，转向从事新的产业活动，或者在原有产业内开辟新的经济活动领域，由原来的单一化经营转向多元化发展等途径，重建企业的生机与活力，使之成为新的经济增长的动力源。

（二）产业调整

在对传统产业企业实施改造与转型，进而激活其成长机制，使产业获得持久发展能力的同时，积极开发具有高技术含量、高附加值、对区域经济发展贡献突出、单位能源和土地所创造的增加值最大的新兴产业，拓宽区域经济发展的产业边界，改进产业门类及其活动内容的结合方式，构建结构更为复杂、联结更为紧密、系统更加稳定、更具综合附加值的多行业、多形态地区产业综合体。

（三）发展块状经济

以促进地域空间的有效使用为目标，通过原有企业的迁移、改造和新兴企业创建，使生产同类型产品的企业相对集中地集聚在一定的区域内，形成主业突出、特色明显、资源共享、发展互动、区域性强、关联度大的“大板块”与“小块状”有机衔接的地域经济，以确保整个区域空间战略价值的有效实现。

四、重要举措

（一）促进人员转移

1. 鼓励自谋职业和提前退休

传统产业中的转型企业职工，凡年龄达到 55 岁的均可办理提前退休，由国家就业基金提供优惠的退休金，确保其退休后的生活保障。未达退休年龄，自办企业的，由国家提供资金、技术上的多方帮助以及行政管理上的各种便利；自找工作单位的，由国家和企业承担搬家费、安置费、培训费和培训期间的工资，以及新单位工资与原工资的补差。

2. 转业安置

一是通过行政渠道及办法直接向非转型产业的国有大型企业转移；二是鼓励非国有企业招聘转型企业职工，每录用一名转型企业职工由国家向用人单位提供 5 万法郎的奖励；三是安排职工离岗参加职业培训，培训费用由国家承担，培训期间可领取工资的 70%，培训结束后，可返回原企业工作，也可以离开企业另谋职业。

3. 境外转移

一是动员外籍职工回到其原籍，并对被动员回国的外籍职工提供相应的补助和回国的便利条件；二是组织劳务输出，进入其他国家就业。

（二）发展中小企业及手工业

1. 创业资助

凡符合国家和地区发展计划而创建的工业企业，均可享受地区企业创建补贴；对于中小企业，当其为提供新的就业岗位而进行新设备投资时，国家和地区还将给予一定的投资资助；对于手工业企业，除可享受中小企业的优惠外，还有一些特殊的规定。

2. 技术补贴

一是技术转让资助，用于企业招收具有大学学历的技术人员，以帮助中小企业采用新技术；二是研究资助，用于聘用年轻的，具有硕士学位的研究人员，以便顺利完成企业的研究与开发项目计划；三是中小企业技术推广资助。

3. 企业园圃

由政府投资兴建的企业园圃，作为培育和孵化中小企业的生产基地。园圃为中小企业投资者提供厂房、场地和其他方面的各种服务，仅收取少量的费用，不足部分由政府补助。企业成熟后，可搬出园圃到其他任何地点营业。

（三）引导产业集聚

1. 兴办高新技术园区

在洛林地区建有南锡和梅斯两个高新技术园区。南锡高新技术园区设有配套的工业、服务、研究与培训等方面的机构，以信息、自动化、生物技术、农食品、卫生、材料等领域的研究与开发为重点；梅斯高新技术园区由交通尖端工业区、企业服务区和大学园组成。

2. 建设和发展新工业区

创建新工业区，加速新区的建设与发展，是法国积极引导国内外投资者对重点转型地区进行投资，大力发展新型产业的另一重要措施。

3. 提供优惠的投资补贴

凡能够创造一定数量的就业岗位和 3 年投资累计达到一定数额的投资项目，即可按规定享受 1995 年 6 月设立的工业和第三产业大项目基金提供的有关资助。

五、经济、社会效果

（一）减人增效与就业安置成果显著

洛林地区煤炭、钢铁和纺织三大传统产业合计的从业人员数量减幅高达 87.4%，其中钢铁行业减少 92.1%，煤炭行业减少 81.3%，纺织行业减少 82.3%。从企业角度看，经过转型后的企业，长期存在的冗员问题得到较好的解决，企业效益明显提高，而且下岗职工也得到了妥善的安置。

（二）产业转型地区产业结构及其能级明显提升

一是传统产业如钢铁和纺织业在注入高新技术后获得了新的生机与活力，不但在数量上仍是法国此类产品的重要生产基地，而且质量有了重大提高，成为法国此类商品出口的重要来源。二是一大批新型产业迅速崛起成为整个地区经济的重要支柱，并在法国全国占有重要地位。三是高技术产业蓬勃发展。

六、主要经验

法国老工业基地的产业改造与工业转型，在具体的实践过程中，逐渐摸索、形成了一整套颇有特色的方法及措施，积累了不少值得重视的成功经验。主要是：

（一）国家的强力组织和协调

一是在工业转型地区建立强有力的领导机构，由国家任命特派员全权负责该机构及所在地区工业转型的领导工作；二是由与工业转型直接相关的政府各部门建立一个共同委员会，以协调各部门之间在工业转型进程中遇到的一些带有共同性质的问题；三是加强国家在工业转型过程中作为乐队总指挥和咨询者的协调作用，为实施转型的产业及其企业提出建议和问题解决方案等，协助解决转型过程中遇到的各种重大问题。

（二）地方政府和社会各界的积极参与和配合

一是充分发挥地方政府在工业转型过程中的重要作用，授权地方政府着力解决其辖属地区产业转型过程中出现的一些问题；二是动员社会各方面的

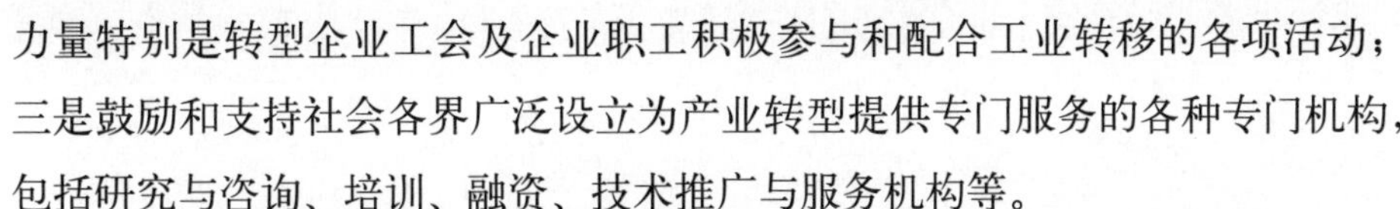

力量特别是转型企业工会及企业职工积极参与和配合工业转移的各项活动；三是鼓励和支持社会各界广泛设立为产业转型提供专门服务的各种专门机构，包括研究与咨询、培训、融资、技术推广与服务机构等。

（三）实施有效的经济、社会发展措施

主要包括：①确定产业转型的总体方针和产业调整与发展的基本方向及其配套的政策保障；②为产业转型提供资金上的帮助及保证，包括争取欧盟资助、国家直接补贴、减轻企业税费负担、提供融资协助与便利等，同时统一安排和协调国家、欧盟及地方的转型投入；③妥善安置转型地区企业的职工转岗、人员转移，为下岗分流人员提供多角度、全方位的帮助，等等。

参考文献：

[1] 汤天滋．我国煤炭产区产业转型新论——借鉴法国洛林和我国辽宁经验开拓煤炭产业转型新路径．中国软科学，2000(10).

[2] 武健鹏．资源型地区产业转型路径创新研究：基于政府作用的视角．山西财经大学，2012(6).

[3] 黄溶冰．休斯敦、鲁尔和洛林的转型策略及启示．辽宁工程技术大学学报（社会科学版），2004(11).

[4] 黄溶冰．国外矿业城市产业结构调整的经验及对我国的启示．石油大学学报（社会科学版），2005(2).

[5] 刘旭东．国外资源型城市新兴产业选择的模式分析．科技创新与生产力，2013(2).

第四章　尼德兰建筑社区的可持续更新（荷兰）[①]

引　言

荷兰对于新城镇化建设和社区改造，提出了“绿色发展”的要求。但在地方具体的实施过程中，需要依赖政策法规的指引作用。

根据荷兰于1965年开始实施的《空间规划法》，地方可以自主编制和实施土地利用规划，但需要考虑省级的结构规划和国家的发展战略，并且经省级政府审批后生效。在荷兰空间规划体系中，宏观层面并没有与空间政策对应的强制性规划，地方有较大的规划自由度，受国家层面的干预较少。

阿姆斯特丹市政府在荷兰总体“绿色发展”、“可持续发展”的目标下，开展尼德兰建筑社区的规划与改造，尊重原工业用地的景观和风貌，通过将厂房改建为商业用途，沿街住房向商业用途转变，摆脱了直接拆毁重建的方式，效果斐然。

去工业化使传统的工业区很难适应现代商业与服务业的需求，开始被大量废弃和退化。一些旧城中心区或边缘区的工业厂房地块往往占据了城市中心或相对核心的地带，对于土地资源十分紧张和宝贵的荷兰城市来说，无疑

① 文章主要参考：韩青苗《荷兰建筑社区可持续改造经验借鉴》，《建筑科学》2014年10月第30卷第10期。

成为城市亟待复兴和发展的地区。1993 年，阿姆斯特丹市 Westerpark 区自治委员会宣布建设 600 个住宅单元的无车社区项目。GWL-Terrein 改造成为无车生态社区的设想应运而生。

一、荷兰 GWL-Terrein 社区改造背景

荷兰城市更新发展阶段主要经历了 3 个阶段，第一阶段：旧城的小规模改造与物质更新（1970—1988 年）；第二阶段：新城的大规模住宅改造与社会复兴（1989—1995 年）；第三阶段：城市棕地的复兴（1996 年以来）。GWL-Terrein 社区改造大部分发生在第三阶段，在 1990 年代末开始的城市复兴就是围绕对这些工业地块的重建而展开的，开始将重点放在工业区改造为高档办公区和住宅区。

GWL-Terrein（Gemeente Waterleidingen，GWL）社区位于荷兰阿姆斯特丹市的西北部，距离市中心 3 千米。社区占地 6 公顷，建筑面积 29000 平方米，包括 600 套住宅单元，居民约为 1400 人。社区功能包括居民住房、生活工作两用住房、社区中心以及其他设施。该社区建设自 1993 年开始，持续至 1998 年基本结束。社区现已成为 1 个绿色生态居住区，同时因其出色的改造布局与交通设计获得了多个称号，包括：环境友好社区、“都市花园”社区、生态无车社区（0.2 车位／户）等。

二、荷兰 GWL-Terrein 社区可持续改造实施历程

GWL-Terrein 社区改造中充分尊重了原工业用地的景观和风貌，从改造前后空中鸟瞰图对比可以发现，社区利用保留下来的旧厂房改造成为社区服务设施和商业办公用房，使小区真正成为城市生活的一部分：改造后的社区保留了原地块的水塔、厂房、水泵房和河道，其中水塔现在还在为社区供水，厂房改造为商业空间，现在有咖啡馆和健身会所入驻，成为社区的公共空间；水泵房改造成为了阿姆斯特丹市最小的旅馆，成为社区的特色风景；河道则成为社区动态的风景，水生植物和野鸭游弋其中，与社区同呼吸、同成长。

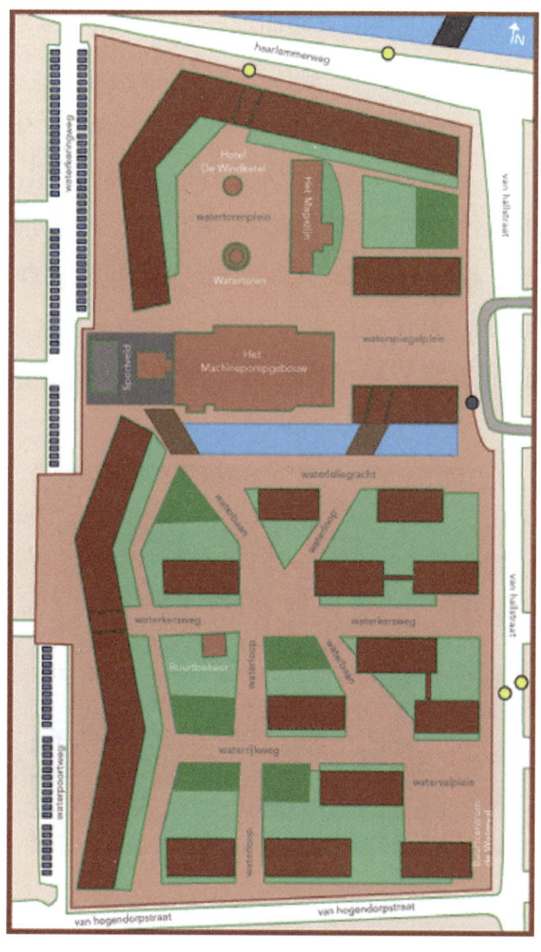

（一）提出规划建议（1989—1993 年）

1989 年，阿姆斯特丹市决定该地块规划为住宅区，当地居民要求该地块建为无车生态社区。当时有公司提议该地块用于工业用途，后因居住用地的呼声更高而未得到支持。1991 年，政府调查该目标是否可行和该地块的水、能源、废弃物和植物情况，先后得到了当地居民、政界人士和当地社区中心的热烈响应。当时提出的规划方案是：在 6 公顷面积上建造 600 户住宅单元的无车社区。计划通过良好的公共交通、对自行车的优先关注，为骑车者和当地居民提供正确的选择，以减少小汽车的保有量。同时实现环境保护目标，减少水耗和能耗。1993 年 7 月，所有的这些内容都列入了城市规划要求。

（二）城市规划（1993 年 11 月）

1993 年，该地块所在的 Westerpark 区委托两位建筑专业人员基于城市规划要求制定该地块的规划建设草图。1993 年 8 月，建筑师 Kees Christiaanse 的规划被顾问委员会（由当地居民、区代表和项目开发商组成）选中。环境咨询局代表 Westerpark 区为该项目提供环境建议，并密切关注该规划的环境要求。该项目自开始就尽可能考虑当地居民当前和长远的环境需求，让尽可能多的居民拥有自家的花园。高楼层居民可以拥有自己的区域，以避免公共空间变为“公地悲剧”。同时，当地还进行了约 3000 名社区居民的问卷调查，其中半数表示有意居住在该社区。

（三）项目融资（1994 年 1 月）

在设定良好的目标后，项目融资是实现项目的重要保障，因为私人开发商对雄心勃勃的环境计划并非特别热衷，住房合作机构与居民的合作就显得尤为重要。通过住房合作联合会的安排，1992 年，两个住房合作机构联手来推动该项目。基于居民的建议，1993 年，第三家住房合作机构也加入了该项目的融资。紧接着，第四家住房合作机构因在开发与销售自有住房方面的经验，应区自治委员会的要求也加入了该项目。这四家住房合作机构设立了生态规划基金会（合作公司），以相互协调并为项目开展提供融资。1994 年 1 月，该公司正式注册。几个月后，第五家住房合作机构也加入了该公司。

（四）选择建筑师（1994 年 2 月）

1993 年 11 月，在完成城市规划后，建筑师 Kees　Christiaanse 与区自治委员会和生态规划基金会共同挑选了 10 名建筑师。同时，荷兰鹿特丹市的一位风景园林设计师也加入了设计师团队。1994 年 1 月，这些设计师们收到了任命，由一名设计师和几名居民为成员，分别组成五个设计小组。在该过程中，环境咨询局为设计小组提供环境方面的专业建议。

1. 设计小组与居民（1993 年 11 月—1994 年 6 月）

应当地社区中心的邀请，两位独立的设计师加入设计小组中与居民一起合作。每个设计小组需要再 6 个月的时间内完成设计任务，并利用构思草图和设计来实现最终设计。1993 年 12 月，设计师为居民开设了速成培训课，提高居民在阅读建筑图纸、对建筑工程实施过程和建设中各方角色的认识。1994 年 6 月，最终的设计图基本全部完成。

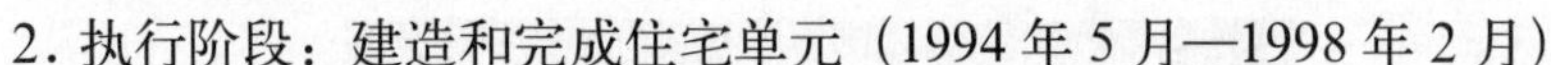

2. 执行阶段：建造和完成住宅单元（1994 年 5 月—1998 年 2 月）

1994 年在原水厂迁出后，该项目的建设准备工作就启动了。建设过程分为三个阶段：1994 年 5 月—1997 年 5 月为建设的第一阶段（社区西侧的 1 号楼，以及社区南区的大部分住宅楼）；1996 年 6 月—1998 年 2 月为第二阶段（社区北侧的 2 号楼）；1997 年 5 月—1998 年 2 月为第三阶段（仓库改造，以及新建 9 个居住／工作单元）改造工作有条不紊地开展、实施。

三、改造实施效果

GWL-Terrein 社区西侧一共 129 个车位，5 个车位预留给拼车协会；2 个车位为行动障碍人士预留；余下的 122 个车位，平均每户 0.2 个车位，并提供对外停车服务，收费标准是 3 欧元／小时（阿姆斯特丹市中心的停车费约为 4 欧元／小时）。对于可申请停车位，居民停车月租金只要 16 欧，但是只有 110 个，在等候名单上的居民大概要等 7 年左右的时间才可获得。社区周边也有大型停车位，但月租金在 98 ～ 295 欧元之间，非常昂贵。除了应急车辆，GWL-Terrein 社区内部不允许小汽车驶入，只允许骑自行车或步行。公共交通可达性对该项目的成功发挥了重要作用。两条穿行市中心南部的有轨电车经过 GWL-Terrein 社区边的道路。有两条从中心车站出发达到阿姆斯特丹西部的公交车路线距离 GWL-Terrein 社区很近。从社区乘公交车 10 分钟或者步行 25 分钟可到阿姆斯特丹中心车站，从中心车站可到去往荷兰的任何地方。GWL-Terrein 社区公寓统一供电供暖，因此能源效率较高，能源费用比较便宜。同时，通过二次水分配设施收集雨水用于冲洗厕所，所有房屋都装有双层玻璃。

根据交通与发展政策研究所（ITDP）对欧洲八个健康、交通友好社区的研究—这些社区的共性是不欢迎使用私人车辆，并通过提高步行、自行车，以及公共交通工具的吸引力来鼓励人们选择更为健康的出行方式，认为这些经验也可应用在类似发展阶段的社区更新中。规划师、决策者应该培养社区公众参与到社区可持续更新中，并通过多种途径来维持社区的可持续发展。社区采用自行车出行比例远高于社区所在的阿姆斯特丹市西区和阿姆斯特丹市，小汽车出行比例也远低于这两个区域。

在鼓励人们采用绿色、公共交通出行方式的同时，GWL-Terrein 社区还有两个拼车组织，居民可以根据情况自行选择。在这种情况下，GWL-Terrein 社区居民出行年人均碳排放量也远低于阿姆斯特丹市和荷兰全国的平均水平。

四、对我国可持续改造的经验借鉴

（一）可持续发展的决策过程贯穿始终

在 GWL-Terrein 社区改造过程中，可持续发展理念贯穿始终，如人性化设计体现在建筑的细节：专为老人设置的无障碍设施，为老年人、残障人士特意安排的底层房屋；为低收入人群提供的社会住房（租金约为附近私人公寓的三分之一）。

社区的成功也有赖于多方利益主体的共同获益，包括社区所在的区自治委员会、环保组织、当地居民等都从社区的可持续改造中获益。在社区的规划实施阶段，尝试让住房合作机构加入该计划，区自治委员会的角色由主导者演变为设计阶段的客户。随着项目重点从规划到执行的转移，区自治委员会的影响力逐步缩小，而生态规划基金会的作用逐步增大。社区在建设过程中贯穿始终对当地开发需求的充分调查，以及持续对实施效果的影响评价，大幅减少了更新改造通常会产生的社会网络割裂、社会住房数量减少等问题。在社区的整个更新过程中，居民都拥有重要的表决权和多种选择，并且在规划和实施行动中始终强调“让现有居民从更新行动的一开始就能获益”。因该社区的成功，带动周边房屋不断升值。

（二）成熟的公共交通和绿色交通

社区改造取得巨大成功的基础是有成熟的公共交通规划支撑。因该社区为混合居住区：一半为社会住宅和用于出租，住户多为低收入人群；一半为自有住宅，住户多为中高收入人群，兼顾这两类人群的出行需求是该社区公共交通规划的重点。在社区内部，设置有限的私家车位和公共车位；在社区外部，公共交通的便利性使得车位需求减少。同时，非常重要的社会背景是荷兰被称为“自行车王国”，人们近距离出行多使用自行车这一绿色交通工具。

（三）强有力的公众参与

阿姆斯特丹市住宅有一半是社会住宅，但在城市里找不到明显破落的区域。很重要的一个原因是，这个城市的土地，八成左右属市政府拥有。阿姆斯特丹市约从 1924 年就不再卖出任何土地，同时从 19 世纪开始建立的土地租赁制度沿用至今。市政府对于每个区域要形成怎样的风格，握有强力主导权。事前和各团体有多次的公众听证会沟通。在没有最终决策前，谁都可以走进办公室发表意见。最终制定计划的可操作性非常强，除了公园、学校、道路等安排，甚至细化到到要盖多少间一般住宅、社会住宅（最少有三成）、身体障碍人士的住宅、艺术家工作室，连公共艺术品摆放、何种材质等，都事无巨细一一详列，之后再交由地产开发商或法人竞标兴建。

参考文献：

[1] 韩青苗．荷兰建筑社区可持续改造经验借鉴．建筑科学，2014，30(10).

[2] 程晓曦．荷兰城市改造与复兴的三个阶段与多种策略．国际城市规划，2011，26(4).

[3] 尤尔根·罗斯曼．荷兰城市演变．国际城市规划，惠晓曦译，2008，22(1).

[4] 惠晓曦．寻求社会公正与融合的可持续途径：荷兰社会住宅的发展与现状．国际城市规划，2012，27(4).

生态社区篇

第一章 森讷堡“零碳项目”与绿色发展模式（丹麦）

引 言

20 世纪 70 年代以前，丹麦 93% 的能源消费依赖进口。为了摆脱对石化能源的过度依赖，丹麦在森讷堡市实施“零碳项目”，促使能源消费结构从“依赖型”向“自力型”的转变。在此过程中，政府通过立法，特别是税收政策进行调控，成为欧盟第一个真正进行绿色税收改革的国家，并进一步推动了能源的“绿色革命”。

自 1993 年通过环境税收改革的决议以来，丹麦建立起一套完整的绿色税收体系，包括水、垃圾、废水、塑料袋等 16 种税收的环境税体制，以及二氧化碳、氮氧化物等能源税体制。一方面，通过提高传统能源的税收，倒逼企业、个人减速少石化能源使用量；另一方面，对节能环保的产业与行为进行税收减免，并加大新能源的补贴，促进新能源的发展与应用。此外，《能源技术开发法》、《企业节能补贴法》等法律的配套出台，对于“零碳项目”的开展也起到了重要作用。

一、丹麦森讷堡“零碳项目”与智库团队策划

通过在位于丹麦南部森讷堡市成功实施的“零碳项目”案例，有助于更好地从微观的角度了解“丹麦绿色发展模式”的具体实践。森讷堡拥有 500

平方千米土地和8万人口。2007年，该市开始实施“零碳项目”，设定了在2029年之前成为“零碳城市”的目标。今天，森讷堡市已成为欧洲著名的绿色生态示范城市。“零碳项目”于2010年获得欧盟委员会颁发的“最佳可持续性能源奖”，并被纳入克林顿全球气候友好发展计划的18个合作伙伴城市之一。

“零碳项目”诞生于2004年，当时，总部位于森讷堡的丹佛斯集团时任总裁雍根·柯劳森提出：“我们的思维一定要超前，一定要放眼未来，充分考虑到我们这个城市的可持续发展，做到世界一流”。基于这个理念，由一个名为“南丹麦未来智囊团”的组织策划，形成了“零碳项目”的路线图，设定了在2029年之前，先于丹麦国家2050年全国实现零碳21年，率先成为“零碳城市”的目标。“南丹麦未来智囊团”由政府部门、企业界以及能源供应公司等80多方共同组成，并获得包括森讷堡市政府和丹佛斯集团、丹麦国家能源公司等知名企业在内的五大基金的支持，最终在2007年正式付诸实施。“零碳项目”由公共领域的市政和私人领域的公司进行商业合作，一切资金的流向完全透明，成为丹麦公私合作的一个典型范例。

二、“零碳项目”的主要路径

项目启动初期，森讷堡居民人均碳排放量为12吨／年，跟丹麦总体平均数持平。“零碳项目”的目标是：到2029年，城市能耗与2007年相比降低38%，同时通过开发利用可再生能源，实现零碳排放。实现这个目标主要通过三条路径：①提高能源效率；②加强对可再生能源的综合利用，包括大力推广集中供热技术；③使能源价格根据能源供应量浮动，合理控制能源消耗。

垃圾焚烧是森讷堡目前热能供应的主要来源之一。当地垃圾焚烧厂每年焚烧约7万吨废物，包括食品包装、纸盒和塑料等生活垃圾。通过采用最新技术，实现了燃烧效率高达98%，焚烧炉实现了1000摄氏度的稳定高温燃烧，减少了二氧化碳等有害气体排放，净发电效率达49%。发电后产生的尾气被输送到余热锅炉以蒸汽的形式通过管道用于区域供暖。同时，森讷堡还在探索如何更好地利用太阳能、地热能、风能及生物质能等多种可持续能源。森讷堡目前有3个太阳能发电站。其中一个面积为6000平方米，年供电达 2736兆瓦 · 时。

“零碳项目”的一项创举是大力推广和发展“被动式正能源屋”，使房屋产生的能量大于消耗的能源。被动式正能源屋最主要的能源来源是太阳，通过屋顶覆盖的太阳能电池板给房屋供暖供电，并通过绝佳的隔热层减少屋内热量的损失，最大限度降低能耗。在森讷堡，这样一个安装了太阳能电池板的“被动式正能量屋”平均每年可发电 6000 千瓦 · 时。

三、“零碳项目”的主要成效

实施“零碳项目”的结果是：从 1980 年代至今，丹麦的经济累计增长 78%；能源消耗总量增长几乎是零；二氧化碳气体排放量降低了 13%，实现了经济发展和能源消耗脱钩，证明提高 GDP 和人民生活水平并不意味着消耗更多能源。目前，丹麦已经成为石油和天然气的净出口国，在可再生能源开发利用方面，特别是风力发电和生物质能热电联产应用，在欧盟成员国中处于领先地位。由于大量采用节能技术和大力发展可再生能源产业，丹麦在能源供应和温室气体减排方面的各项指标普遍优于其他发达国家。目前，丹麦能源自给率是 156%，日本和美国分别为 18% 和 71%；丹麦人均能耗为 3.6 吨油当量，日本和美国分别为 4 吨和 7.7 吨。人均温室气体排放量丹麦为 10.4 吨，日本和美国分别为 9.4 吨和 19.7 吨。在此基础上，丹麦设定了新的目标：在 2050 年之前建立一个完全摆脱对化石燃料依赖、并且不含核能的能源系统，这被称为丹麦的“第二次能源革命”。欧盟设定的目标是到 2020 年可再生能源占比达到 20%，而丹麦已经提前在 2011 年实现了这个目标，并计划在 2020 年将可再生能源的比例提高到 35%，使风力发电占全国总用电量的 50%(如今为 21%)。丹麦的绿色技术和产品的出口量占本国出口总量的百分比在欧盟 15 国中位列第一。目前欧盟的能源政策的诸多参考依据，均源于丹麦。

四、“丹麦绿色发展模式”的五大关键要素

丹麦建设人类绿色能源“实验室”打造绿色可持续发展模式的成功经验，

具体可归纳为以下五大要素：

（一）政策先导

丹麦政府把发展低碳经济置于国家战略高度，制定了适合本国国情的能源发展战略。为了推动零碳经济，丹麦政府采取了一系列政策措施，例如利用财政补贴和价格激励，推动可再生能源进入市场，包括对“绿色”用电和近海风电的定价优惠，对生物质能发电采取财政补贴激励。丹麦采用固定的风电价格，以保证风能投资者的利益，风能发电进入电网可采用优惠价格，在卖给消费者之前，国家对所有电能增加一个溢价，这样消费者买的电价都是统一的。另如，丹麦政府在建筑领域引入了“节能账户”的机制。所谓节能账户，就是建筑所有者每年向节能账户支付一笔资金，金额根据建筑能效标准乘以取暖面积计算，分为几个等级，如达到最优等级则不必支付资金。经过能效改造的建筑可重新评级，作为减少或免除向节能账户支付资金的依据。

（二）立法护航

在丹麦的可持续发展进程中，政府始终扮演着一个非常重要的角色，主要是从立法入手，通过经济调控和税收政策来实现的，成为欧盟第一个真正进行绿色税收改革的国家。自 1993 年通过环境税收改革的决议以来，丹麦逐渐形成了以能源税为核心，包括水、垃圾、废水、塑料袋等 16 种税收的环境税体制，而能源税的具体举措则包括从 2008 年开始提高现有的二氧化碳税和从 2010 年开始实施新的氮氧化物税标准。

在各税种中，丹麦对化石能源的课税最高。例如电费就包含高达 57% 的税额，如果用户不采取节能方式，就要付出更高昂的代价。在运输领域，对电动汽车则实行免税。并要求生物燃料的使用必须占运输燃料消耗到 2020 年要达到欧盟制定的目标 10%。

（三）公私合作 (PPP)

丹麦绿色发展战略的基础是公私部门和社会各界之间的有效合作。国家和地区在发展绿色大型项目时，在商业中融合自上而下的政策和自下而上的解决方案，这种公私合作可以有效促进领先企业、投资人和公共组织在绿色经济增长中取长补短，更高效地实现公益目标。丹麦南部森讷堡地区的“零碳项目”便是公私合作的一个典型案例。

（四）技术创新

丹麦成为欧盟国家中绿色技术的最大输出国，归纳起来，技术创新尝试主要集中在“节流”和“开源”两大方面：

“节流”：大力推广集中供热，发展建筑节能技术。丹麦地处北欧，采暖期长，很多建筑一年四季需要供热。因此，丹麦积极发展以热电联产和集中供热（亦称“区域供热”）为核心的建筑节能技术。如今丹麦超过 60% 的建筑采用集中供热技术，通过发展分布式能源技术，大量采用可再生能源技术进行集中供热，包括沼气集中供热、秸秆及混合燃烧集中供热等。目前，可再生能源在丹麦的热力供应中的比重已经稳局首位，超过了天然气和煤炭。

“开源”：积极开发可再生能源，独领风电世界潮流。自 1980 年开始，丹麦根据资源优势，大力发展以风能和生物质能源为主的可再生能源。在目前世界累计安装的风电机组中，60% 以上产自丹麦，占世界风机贸易近 70%。丹麦大力发展分布式能源，利用生物质能源发展热电联产和集中供热。2005 年，丹麦可再生能源发电比例达到 30%，提前 5 年完成欧盟提出的 2010 年达到 29% 的目标。

（五）教育为本

丹麦今天的“零碳转型”的基础，与其一百多年前从农业立国到工业化现代化的转型的基础一样，均是依靠丹麦特有的全民终生草根启蒙式的“平民教育”，通过创造全民精神“正能量”而达到物质“正能源”，从而完成向着更以人为本、更尊重自然的良性循环的发展模式的“绿色升级”。20 世纪 70 ~ 80 年代两次世界性能源危机以来，丹麦人不断反思，从最初对国家能源安全的焦虑，进而深入到可持续发展及人类未来生存环境的层级，关照到自然环境、经济增长、财政分配和社会负率等各方面因素，据此勾勒出丹麦的绿色发展战略，绘制出实现美好愿景的路线图，并贯彻到国民教育中，成为丹麦人生活方式和思维方式的一部分。

丹麦森纳堡市零碳项目

丹麦可持续住宅拥有大面积玻璃外墙表面

2009 年 11 月落成的丹麦第一座零碳排放公共建筑

[1] 彼特 · 拉杰 . 丹麦森讷堡创建零碳城区 . 环境保护，2013.

[2] 丹麦森讷堡“零碳项目”打造绿色生态城 . 新华网，http://news.xinhuanet.com/world/2011-11/17/c_111174476.htm.2015-03-02.

[3] 丹麦森讷堡市“零碳项目”. 腾讯财经，http://finance.qq.com/a/20130620/000591.htm.

第二章　循环经济的卡伦堡模式（丹麦）①

引　言

丹麦卡伦堡循环经济工业园是世界上最早和目前国际上运行最为成功的生态工业园，卡伦堡模式的成功离不开丹麦《废弃物法》《自然保护法》等法律的保障。政府通过严格依法执政，有效推进了减污、垃圾分类回收、包装物减少使用和回收等工作。

此外，税收政策的保障与引导，也是促进循环经济的发展的重要手段。通过鼓励废弃物的回收利用、采用清洁能源，以及对产生污染物的产品征收污染税、废弃包装物税、原材料税等，促进废弃物的循环回收利用。并根据危害程度、处理难易程度等确定精确合理的税率，通过合理的利益驱动推进生态工业网络的建设。从而，卡伦堡形成了一种集生产发展、资源利用和环境保护三位一体的良性循环工业园区建设模式，成为世界循环经济工业园的典范。

丹麦卡伦堡循环经济工业园自 20 世纪 70 年代开始建立，是世界上最早和目前国际上运行最为成功的生态工业园。作为一种生产发展、资源利用和环境保护形成良性循环的工业园区建设模式，它形成了一个能发挥人的积极

① 文章主要参考：章一宁，《丹麦的“循环经济”模式——卡伦堡工业互利协作网》，《全球科技经济瞭望》2005 年第 10 期，总第 238 期。

性和创造力的高效、稳定、协调、可持续发展的人工复合生态系统。丹麦卡伦堡工业园在世界环境保护界知名度极高，被认为是循环经济“圣地”。

一、循环经济工业园的建立

丹麦的海港小城卡伦堡，是一个仅有2万居民的工业小城市，位于北海之滨，距哥本哈根以西100千米左右。1975年，卡伦堡工业互利协作网络由8个单位合作建立，该网络是在所有的参与者签订商业协作合同书的基础上建立，使他们走到一起进行合作的基础条件是：

对开展互利协作的经济和社会意义具有共识；公司或厂址都在卡伦堡市；企业间确实有可开展合作的项目，且有经济价值。如今，卡伦堡以主体工厂为中心，由25个生态项目组成了一个庞大的工业生态共享系统，每年节电150万千瓦，足够75000个家庭使用，减排24万吨二氧化碳，同时节省了290万吨水，而回收再生的石膏、肥料、饲料更是难以计数。

二、循环经济工业园的主体

在卡伦堡循环经济工业园的工业共生体系中主要有五家企业、单位：

阿斯耐斯瓦尔盖（Asnaesnaerket）发电厂。丹麦最大火力发电厂，发电能力为150万千瓦，最初使用燃油发电，第一次石油危机后改用煤炭，雇佣600名职工；

斯塔朵尔（Statoil）炼油厂。丹麦最大炼油厂，年产量超过300万吨，消耗原油500多万吨，有职工290人；

挪伏·挪尔迪斯克（Novo Nordisk）公司。丹麦最大生物工程公司，也是世界上最大的工业酶和胰岛素生产厂家之一，设在卡伦堡的工厂是该公司最大的分厂，有1200名员工；

吉普洛克（Gyproc）石膏材料公司。一家瑞典公司，年产1400万平方米的石膏建筑板材，拥有175名员工；

卡伦堡市政府。使用发电厂出售的蒸汽给全市供暖。这五家企业、单位相互间的距离不超过数百米，由专门的管道体系连接在一起；此外，工业园区内还有硫酸厂、水泥厂、农场等企业参与到了工业共生体系中。

三、循环经济工业园的运作

由于进行了合理的连接，能源和副产品在卡伦堡循环经济工业园企业中得以多级重复利用。这些企业以能源、水和废物的形式进行物质交易，一家企业的废弃物成为另一家企业的原料。

卡伦堡生态工业园以发电厂、炼油厂、制药厂和石膏板厂为核心企业。电厂给制药厂供应高温蒸汽，给居民供热，给大棚供应中低温循环热水生产绿色蔬菜，余热流到水池中用于养鱼，实现了热能的多级使用。同样，粉煤灰用于生产水泥和筑路，脱硫石膏用来造石膏板等。通过企业间的工业共生和代谢生态群落关系，建立了“纸浆—造纸”、“肥料—水泥”和“炼钢—肥料—水泥”等工业联合体，既降低了治理污染的费用，也取得了可观的经济效益。

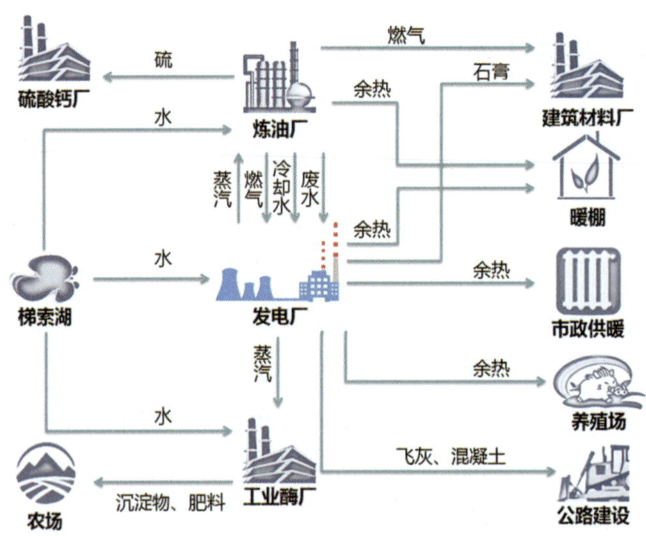

循环经济工业园运作流程图

自1978年起，炼油厂的废水经过生物净化处理，通过管道向发电厂输送，作为发电厂冷却发电机组的冷却水。炼油厂生产的多余燃气，作为燃料供给发电厂，部分替代煤和石油，每年能够使发电厂节约煤 3 万吨，节约石油 1.9 万吨。同时，这些燃气还供应给石膏材料厂用于石膏板生产的干燥之用。

发电厂产生的蒸汽供给炼油厂、制药厂（发酵池）、石膏厂和市镇府。发电厂还给一家养殖场提供热水。发电厂一年产生的七万吨飞灰，被水泥厂用来生产水泥。1990 年，发电厂在一个机组上安装了脱硫装置，燃烧气体中的硫与石灰发生反应，生成石膏（硫酸钙）。这样，发电厂每年可多生产 10 万吨石膏，由卡车送往邻近的吉普洛克石膏材料厂，石膏厂因此可以不再进口从西班牙矿区开采来的天然石膏。

制药厂利用玉米淀粉和土豆粉发酵生产酶，发酵过程中产生富含氮、磷和钙质的固体、液体生物质，采用管道运输或罐装运送到农场作为肥料。制药厂生产胰岛素、酶和盘尼西林等产品，原料是农产品，经过微生物发酵加工最终生产成药物，残渣主要是有机物，经热处理杀死微生物，销售到附近农场 1000 多家农户供进一步使用。同时，在胰岛素的生产过程中，酵母菌在完成发酵、并提取胰岛素之后，制药厂在里面添加一些乳酸成分，变成类似“酸奶”的饲料，送给附近的养猪户。

养鱼场养的彩虹鳟鱼是娇贵鱼种，对水温的要求很高。养鱼场引来的是温水，温度比正常的海水高 8 ～ 10℃。鱼在温暖的水里生长得更好。在冬天的时候，甚至可以看到热腾腾的蒸汽，丹麦冬天的气温有 −10℃，而这个温水是 12 ～ 15℃，对鱼的生长很有利。

卡伦堡生态工业园的共生网络组成

企业名称	原材料	产品	废弃物＼副产品
石膏厂	石膏	石膏板	
微生物公司	污泥	土壤	
发电厂	可燃气、煤、冷却水	热、电	石膏、粉煤炭、硫代物
炼油厂	原油	成品油	可燃气
制药厂	土豆粉、玉米淀粉	胰岛素等药品	废渣、废水、酵母
废物处理公司	“三废”	电、可燃废物	
市政府	水、电、热	服务	石膏、污泥

四、循环经济工业园的效益

（一）水资源消费总量

共生企业通过对水的循环利用，每年减少用水 60 万立方米，由此每年能节约约 190 万平方米的地下水和 100 万立方米的地表水；由于卡伦堡镇淡水稀缺，卡伦堡生态工业园因而实施了水的重复利用计划。如炼油厂的废水经过生物净化处理，每年通过管道向电厂输送 70 万立方米的冷却水，作为锅炉用水和公共清洁卫生用水。通过水的重复使用，减少了生态工业园 25% 的用水量；

（二）油类

共生企业每年油类消费量减少 2 万吨，多是通过制药厂与炼油厂使用发电厂生产过程中的蒸汽实现的；

（三）灰烬

每年发电站中煤和油的燃烧产生 8 万吨灰烬，被用于基础建设和水泥行业；

（四）石膏

每年石膏厂从发电站获 20 万吨石膏，代替在石膏板制作过程中天然石膏的使用；

（五）化肥

制药厂的肥料代替了约 2 万公顷土地上石灰与部分商业肥料的使用；

（六）温室气体的排放

每年减排二氧化碳 17.5 万吨，二氧化硫 1.02 万吨；

（七）废水

制药厂、发电站和卡伦堡市政府在废水处理上的合作，相应减少了对周边水域的环境压力；

（八）减少资源消耗

每年 4.5 万吨石油，1.5 万吨煤炭；

（九）其他废弃物

每年，废物处理公司可获得 11.3 万吨报纸：经过质检后出售，1.7 万吨碎石与混凝土：压缩和分类后用于不停类型地面，11.5 万吨花园／公园的废弃物：用于区域土壤的改善，1.4 万吨铁和金属：清洗后出售再利用，1.18 万吨玻璃和瓶子：出售给玻璃生产企业。

五、建立卡伦堡生态工业园区的驱动力

成功建立卡伦堡生态工业园的驱动力主要有三个：

（一）第一驱动力来自于制度创新

政府在制度安排上对于外部性很强的污染排放实行强制性的高收费政策，使得污染物的排放成为一种成本要素。与此同时，对于减少污染排放则给予利益激励。这是卡伦堡生态工业园模式产生的基本原因。

（二）第二驱动力来自于企业经济效益

在卡伦堡，对于每个参与者来说，都是由于交易成本低的利益驱动使他们走到一起。制药厂之所以选择电厂的蒸汽，是因为比自己生产的蒸汽更省钱。同样，石膏板厂用电厂脱硫产生的石膏也是为了节省资金，使产品的成本降低。这是卡伦堡生态工业园存在并发展的核心。

（三）第三驱动力来自于企业的生态道德和社会责任

卡伦堡的 Novo Nordisk 国际生物技术公司利用制药产生的有机废弃物制造有机肥料，免费送给周围的农场使用，作为回报，企业从使用其有机肥的农场收购农产品做原料。这使得制药厂与农场之间成为循环经济联合体，实现了污染物的零排放。这是制药企业追求对社会负责任的形象和生态道德的结果。可见，该共生体的建立并非是技术上的特殊突破，其产生的驱动力来自于制度创新、企业效益和长期发展。

六、卡伦堡模式成功的因素

（一）法规的强制执行

卡伦堡模式的成功首先是法律法规实施的一个必然结果。在卡伦堡生态

工业园中，制药厂废水处理的残渣在当地禁止填海，因此，才加工生产有机肥并向当地农民出售。电厂热能的分级使用也是如此。通过热能的分级使用，不仅减少了对周围环境的热污染，还产生了明显的经济效益。

（二）经济利益是纽带

企业布局和交易成本是形成企业链的基础，起决定作用的是经济利益。利益驱动是生态工业网络形成的前提条件。企业经营的目的是为了获取最大利润，制药厂之所以选择使用电厂的蒸汽是因为所需资金投入少，而不是“拉郎配”。1982年制药厂锅炉改造，经可行性研究，认为选择电厂的蒸汽供热最为便宜。从电厂获得蒸汽只需要铺两英里长的管道，其投资只相当于药厂两年的内部改造费用。同样，石膏厂使用电厂的除尘副产品工业石膏也是为了节省资金，是经济纽带将不同环节联系在一起。

（三）技术提供支撑

技术进步是循环经济发展的保障。园区相邻企业尽可能使设备相互联通，以减少废物交换过程中交通运输的能耗物耗；废弃物的成分上有回收利用的价值，即废弃物回收利用在经济上是合算的，制药厂通过先进技术加工产生的副产品或残渣可作为生产的原料，副产品不含有毒物质，成分稳定，满足下游用户的基本要求。

（四）建立伙伴合作关系

企业间的合作是建立在相互依赖和信任基础之上的，并且以合同形成契约关系。由于企业的产权明确，而且都谋求最大的经济效益或减少废物处理费用，企业的副产品都能严格地按合同的要求保证供货质量。园区企业将长期目标与近期发展相结合，注重信誉谋求长期互惠互利的最佳选择。

（五）重视风险管理

参与“废弃物变原料”的贸易对买卖双方而言都存在着风险，这种风险主要来自生产过程，而不是企业故意或违约行为。在卡伦堡生态工业园中，炼油厂在大修期间不可避免地要停止供应热气，石膏厂因而要自备气罐作为应急之用。电厂十分重视副产品的质量，如不符合生产要求，宁愿作为废弃物处理而不向石膏厂出售等。实际上，每个参与企业的行为都存在一定的风险，在形成生态工业网络时，应设计好应急预案，以减少风险可能造成的经济损失。

参考文献：

[1] 章一宁．丹麦的“循环经济”模式——卡伦堡工业互利协作网．全球科技经济瞭望，2005，(10)：60—62．

[2] 刘月超．丹麦卡伦堡循环经济社区研究．CONSTRUCTOR MAGAZINE，2007(6)．

[3] 徐大伟、王子彦、谢彩霞．工业共生体的企业链接关系的分析比较——以丹麦卡伦堡工业共生体为例．工业技术经济，2005，24(1)．

[4] 罗丽丽．浅析卡伦堡生态工业模式．企业活力，2005，(12)．

第三章 哈马碧生态循环模式：主席的选择（瑞典）[①]

引 言

哈马碧生态循环模式的成功，离不开的相关法律的保障。其中有两部法律的制定明确了瑞典建立生态循环社会的目标、战略和政策。一部是 1993 年 5 月，瑞典议会通过的关于面向生态循环的发展行动纲领的《生态循环法案》；另一部是 2003 年 5 月，瑞典政府提出关于无毒且资源有效的《生态效率社会法案》。这两部法案，为哈马碧生态循环模式提供了有效的法律保障。

以这两部法案为纲领，并结合《国家能源条例》《生态生产条例》《矿业废弃物条例》等规章条例，哈马碧湖区在能源集中利用、雨水收集、污水处理、废弃物循环利用等方面，形成了一体化的环境解决方案，创造了独特的生态循环——哈马碧模式。

一、基本概况

20 世纪 90 年代，当时斯德哥尔摩市为了申办 2004 年奥运会，把哈马碧区域划为奥运村，并制订了包含生态可持续发展理念的开发规划，后来虽然

① 文章主要参考：丁言强、牛犇、吴翔东《哈马碧生态循环模式及其启示》，《生态经济》2009 年第 6 期。

申奥未能成功，但生态可持续的规划被保留了下来并付诸实施。

哈马碧滨水新城坐落在斯德哥尔摩东南部 Hammaby 湖畔废弃的码头区。为了将老工业区转变成新型现代的居住区，规划设计者以水为中心构建了独特的景观：规划设计紧紧围绕中央水域的 Hammaby 湖展开；在湖畔既有以古典风格建设的多功能高楼与宏大的码头设施和宽阔的水域交相辉映，又有景观集中的公园和风格各异的步行小路穿插其中，便捷的交通和服务设施与各住宅楼宇紧凑相连，被誉为城市新区的“蓝色眼睛”。

按照项目的总体规划，哈马碧滨水新城的工程期为10年（2000—2010年），至该项目竣工时，这里把一个破旧的工业港区转变为现代化且有高质素环境的居住区，为2.5万居民提供约1.1万套公寓和完善的配套设施，生活和工作的总人数达到3万人。项目总投资达20亿瑞典克朗（约20亿元人民币），其中政府投入约2亿克朗，主要用于支付由于市政设施改造而引起的成本增加。该项目的开发由斯德哥尔摩市负责房地产、道路和交通的管理的部门牵头组织规划和实施。

二、独特的生态循环——哈马碧模式

哈马碧湖区的一体化环境解决方案是一种独特的生态循环模式，解决了哈马碧湖区中家庭、办公室和其他商业活动的能源和水供应、废弃物和污水处理问题，可以看作大城市类似技术系统的典范。

（一）生态友好能源方案

1. 社区集中供热与降温

热电厂利用分类的可燃废弃物作为燃料，生产电力和社区供热。为了保护环境，尽可能利用可再生能源。可持续供热的另一个例子是供热厂从污水处理厂处理的污水中提取热量。经处理和冷却的废水在离开热交换泵时，“余冷”被交换成社区冷却网循环水中的降温，换句话说，在哈马碧湖区，冷却是集中供热的一种干净的副产品。

2. 太阳提供能源和热水

哈马碧湖区采用了多种能源供应新技术，若干墙面和屋顶安装了太阳能电池装置，捕获阳光中的能量，转换为电力，1 平方米的太阳能电池每年大约提供 100 千瓦·时，相当于 3 平方米住宅面积所需的家庭用电；屋顶上还安装了太阳能热水器，利用太阳能生产热水，提供的建筑物热水供应，可满足年热水所需的一半热量；在该地区的环境信息中心安装了一个燃料电池。

（二）巧妙设计的降水解决方案

1. 街道雨水在当地进行处理

街道雨水和雪水以多种方式进行收集和处理，这一系统统称为 LOD（瑞典语“当地雨水处理”的简称）。开发区域建筑物和庭院的雨水渗入地下或经无数小排水沟进入渠道，通过水台阶继续流向哈马碧湖。

2. 稳定塘处理

最常见的雨水当地处理方式是把水排向特殊的洼地，如密闭或露天的沉淀池。雨水在沉淀池中停留数小时，污染物沉向池底，然后排向渠道。露天的沉淀池中的土壤和植物可以处理污水中沉向池底的污染物。

3. 绿色房顶

建筑物的绿色屋顶是当地雨水处理链的另一个环节，种满景天植物的绿色房顶随处可见，其作用是收集、迟滞和蒸发雨水。同时，这些密集的景天草植株构成城市景观的生机盎然的绿色区域。

（三）创新性的污水解决方案

1. 采用新技术的示范污水处理厂

在4条不同的污水处理工艺中评价先进的污水技术，包含尽可能高效运行的化学、物理和生物工艺，目标是以尽可能少的外部资源投入，如电能和化学品，既处理污水，又再生利用污水中的资源。

2. 有效的污水管理保证更加清洁的生物固体废弃物和营养再循环

就建材选择和污水处理而言，哈马碧湖区建筑和基础设施的规划与建设是独具匠心的，由于避免在建筑物中使用某些金属和塑料，确保雨水和雪水分开处理与排放，以及为居民提供生态标志家用化学品的重要性信息，可以保证家庭污水相对比较清洁。进入当地污水处理厂的污水只来自于该区域的住宅，没有雨水和工业用水，这意味着，从一开始，污水中含有最低的污染物，使之易于处理和回收其中的营养，并可回用农田。

3. 从污水处理产生的污泥中提取沼气和生物固体

在污水处理厂中，有机材料从污水中分离出来成为污泥。污泥送到大消化罐中，经消化过程，产生沼气，是目前可用的最为环境友好的燃料。产生的沼气主要用做汽车燃料，如市内公共汽车、垃圾车和出租车。沼气也用于本地区的燃气灶。消化过程结束后，产生的污泥（生物固体）中富含高含量的磷营养，适合用做高效肥料，可用于农田和土壤改良剂生产，也可用做关闭矿山的填充材料。

（四）固体废弃物分类管理和再生利用

在哈马碧湖区，固体废弃物实行三级分类管理：就近建筑物、就近街区、就近地区，在源头进行分类，经废弃物自动抽吸系统进行收集和回收利用，或者用于生产热和电。

1. 废弃物管理采用自动抽吸处置系统

这样做的目的是为了减少哈马碧湖区的交通流量。该系统分为固定和移动自动抽吸处置系统。

移动自动废弃物处置系统收集的废弃物最终送到地下垃圾箱中，由装备有真空抽吸系统的垃圾收集车将其清空。各种废弃物有分开的垃圾箱：可燃生活废弃物和食物废弃物。垃圾收集车停在对接点，若干建筑物的垃圾箱被同时清空，每轮收集一次只清空一种废弃物。

由于垃圾车可以不开进小区就取走垃圾集装箱，这些系统减少区内运输，意味着与采种传统垃圾收集技术相比，空气保持得更为清洁。另外，由于避免了举升重物，垃圾收集工人的工作环境得到改善。

2. 废弃物的再生利用途径

可燃废弃物运到焚烧厂焚烧并回收热和电；食物废弃物运到堆肥场，转变为沼气和生物固体；报纸运到纸回收公司，然后送给纸厂，生产成新纸；包装物如包装纸、金属、玻璃和塑料经回收作为新包装或用作其他产品；大件废弃物中的金属要回收，可燃大件废弃物焚烧并回收为热或电，不可燃废弃物在填埋场进行处置；电器和电子废弃物经拆解后回收材料，剩余材料在填埋场进行处置；危险废弃物要焚烧或回收。

三、总结与经验

（一）哈马碧生态循环模式的要点总结

1. 能源

可燃废弃物转换为集中供热和电力；自然中的生物燃料转换为集中供热和电力；污水处理产生的热量转换为集中供热和集中降温；太阳能电池把太

阳能转换为电力，太阳能热水器利用太阳能对水进行加热；电力必须是“良好环境选择”产品或相当标识产品。

2. 给排水

采用生态友好装置、低冲厕所和混气水龙头，减少水消费；专为本区建设的试验污水处理厂，对污水处理新技术进行评价；采用沤制消化作用提取污泥中的沼气；净水沉淀的腐烂生物固体可用做肥料；庭院和屋顶的雨水排进哈马碧湖，而不是污水处理厂；街道雨水采用沉淀池在当地进行净化处理后排进哈马碧湖，而不是排入污水处理厂。

3. 废弃物

有各种储存斜槽的废弃物自动抽吸处置系统、小区回收屋系统、地区环境站系统帮助居民对垃圾进行分类；有机废弃物转化／沤制消化为生物固体并用做肥料；可燃废弃物转换为集中供热和电力；全部可循环材料都进行回收：报纸、玻璃、纸板、金属等；回收利用或销毁危险废弃物。

（二）经验借鉴

1. 立法保障

1993 年 5 月，瑞典议会通过关于面向生态循环的发展行动纲领的“生态循环法案”（政府法案 1992/93∶180）；2003 年 5 月，瑞典政府又提出关于无毒且资源有效的“生态效率社会”法案（政府法案 2002/03∶117），这两部法律制定了瑞典建立生态循环社会的目标、战略和政策，是哈马碧生态循环模式的法律保障。

2. 坚持环境经济综合决策

在社区开发或改造中，实行以生态为中心的一体化规划，对能源、交通、建筑、给排水和污水、废弃物处理等基础设施进行综合考虑，全面规划，为此，各部门和各行业要密切合作，协调行动。

3. 明确各部门各行业的环境保护目标

土地利用、能源、交通、建筑、给排水、工商企业和废弃物管理部门都要围绕节约资源和保护环境，提出创新性环境方案，确保达到资源利用和废弃物产生最小化，材料和能源回收利用最大化，在最大程度上减弱各自的环境影响。

4. 围绕生态保护研发新技术

新技术研发要以生态保护为导向，淘汰破坏环境的落后技术，大力发展节约减排、可再生能源、污水和废弃物再生利用等新技术。

5. 建立完善的环境基础设施

建立便利的废弃物分类和收集系统，从企业和家庭到社区和区域，要建立完整的环保工作体系和废弃物分类回收网络，实现从废弃物到资源的闭合循环，建设生态循环社区，促进可持续城市建设。

6. 建立环境信息中心

哈马碧湖区拥有一个自己的环境信息中心，任务是通过哈马碧模式和生态友好新技术的学习参观、展览和演示来传播知识。全国和国际参观者来到哈马碧湖区，不仅可以看到斯德哥尔摩市如何规划了这一新城区，而且可以看到关注生态的方法如何贯穿整个湖区的规划过程，使之成为可持续的市区。环境信息中心在环境技术输出方面起着十分重要的作用，与许多负有促进环境技术输出的机关建立了非常密切的合作，如斯德哥尔摩商会、瑞典外交部、瑞典贸易理事会。

参考文献：

[1] 丁言强、牛犇、吴翔东．哈马碧生态循环模式及其启示．生态经济，2009(6).

[2] 于萍．瑞典的哈马碧滨水新城．城市住宅，2011(11).

第四章　马尔默“明日之城”：城市发展的未来（瑞典）

引　言

马尔默“未来之城”实现了节能、节水、节地、节材、环保五大目标，是欧洲最新节能环保技术的最佳实践，也是世界生态城市建设的典范。在这五大目标中，节能是首要目标，Bo01 住宅示范区正是建筑节能领域最新技术的结晶。

马尔默之所以能利用最新的建筑节能技术，得益于瑞典在节能建筑领域具有十分完善的法律体系。早在 1967 年，瑞典就发布了第一部《住宅标准法》，并制定相应的技术标准规范，进一步落实相关法律，满足建筑质量、性能和可持续性的要求。主要的标准规范包括：《建筑规范》《建筑施工技术要求条例》《设计规范》《环境标准》等。2005 年 11 月 3 日，瑞典住宅建筑规划委员会又公布了修订后的建筑法规、强制性规定和建议性法规，其中包括节能的条款。这一系列法律法规，规范了建筑市场行为，推动了绿色建筑与节能方面的可持续发展，并为“明日之城”的建设提供了技术储备与实践经验。

一、概况

马尔默（Malmo），是瑞典第三大城市、海军基地和交通枢纽，人口不到30万。它位于瑞典南部，踞守波罗的海海口、厄勒海峡东岸，与丹麦首都哥本哈根隔海相望，两城相距仅26千米，并有火车轮渡相通。

马尔默曾是以造船业为主的老工业城市。20世纪60年代到90年代之前，马尔默都是个充满活力的工业城市；然而随着工业生产逐渐从欧洲向亚洲迁移，马尔默的工业基础几乎被完全废弃，失业率高达30%，整个城市萧条不堪，马尔默面临着前所未有的危机。

生存的危机迫使马尔默决定进行城市功能转型。1995年，借着与其他欧洲城市竞争2001年“欧洲城市住宅博览会”举办权的机会，马尔默打出要将废弃老码头改造成节约能源的生态友好型住宅新区的口号。2001年，马尔默开始建立“明日之城”Bo01住宅示范区，并最终成功转型。“明日之城”Bo01住宅示范区是瑞典第一个“零排放”社区；该社区100%利用风能、太阳能、地热能、生物能等可再生能源，西港新区项目因此获欧盟“推广可再生能源奖”；同时，马尔默也曾获选为耶鲁大学环境可持续指数报告的第三名，并获环保机构DoSomething评选为世界绿色环保城市之一。

二、明日之城的建设

目前，在马尔默“明日之城”已建成的区域内生活着1600户、约5000人，100%使用可再生能源，电力主要来自海上发电厂产生的风能，供暖则主要靠太阳能电池板和热泵。同时，Bo01区已实现对95.8%的垃圾进行分类回收或转化成生物燃气，只有4.2%的垃圾需要填埋处理。根据马尔默的城市规划，2020年整座城市将实现碳100%零排放；到2030年，全城将100%使用可再生能源；这座城市以绿色低碳的发展模式带给世界新的惊喜。

（一）节能

“明日之城”项目实现了 1000 多户住宅单元 100% 依靠可再生能源，并已达到自给自足。

能源供应

100% 利用风能、太阳能、地热能、生物能等。

（1）风能：依靠风力发电，主要来自于距小区以北 3 千米处的一个 2 兆瓦风力发电站（2001 年 7 月建成，是瑞典最大的风力发电站，年生产能力估计可达 630 万千瓦 · 时），能够满足小区所有住户的家庭用电，热泵及小区电力机车的用电；

（2）太阳能：用于发电和供热。在小区一栋楼顶安有约 120 平方米的太阳能光伏电池系统，年发电量估计为 1.2 万千瓦 · 时，可满足 5 户住宅单元的年需电量。此外，还设有 1400 平方米的太阳能板分别安装在 8 个楼宇，年产热能约 525 兆瓦 · 时，相当于每年每平方米 375 千瓦 · 时），可满足小区 15% 的供热需求。

（3）地热能：采用地源热泵技术，通过埋在地下土层的管线，把地下热量“取”出来，然后用少量电能使之升温，供室内暖气或提供生活热水等。

据有关环保机构评估，地热泵能比电锅炉供热节省2/3的电能，比燃料锅炉节省1/2的能量，平均可节约用户30%～40%的供热费用。小区利用地源热泵技术，将地下90米井中约15℃的水，通过热交换器，分别可达到67℃用于冬季供热（1.2兆瓦～3.15兆瓦的热泵可年产4000兆瓦·时以上的热能）和5℃用于夏季制冷（2.4兆瓦的热泵可年产3000兆瓦·时）。另外，这些房子大多安装了温度传感器。它可以使供暖系统随时感知室内外的温度变化，自动调整锅炉或热泵的供热效率，避免浪费能源。以上措施可满足小区85%的供热需求。

（4）生物能：住宅区的生活垃圾和废弃物，通过马尔默市的市政处理站可以将生产的电力和热力回用于小区。

2. 能源消耗

瑞典地处北欧，冬季漫长寒冷，夏季短暂而凉爽，因此所有建筑物最主要的能源消耗就是取暖。建筑供暖占瑞典全国总能耗的1/4，占建筑能耗的87%。“明日之城”住宅示范区能源的消耗主要集中在暖通空调和家庭用电方面，小部分用于驱动热泵、小区电瓶车的充电以及其他公共设施的运转。

（1）限制能耗：“明日之城”严格规定每户的能源使用／消耗（包括家庭用电、暖通空调）不能超过每年每平方米105千瓦·时（2000年瑞典家庭平均能源使用／消耗水平为每年每平方米175千瓦·时），在满足使用需要和保障舒适度的同时，体现了节约能源的原则。

（2）提高能效：“明日之城”采取多种措施，要求从楼面设计、建材选择、户内电器的配套上都力求实现能源效率高、日常能耗少。如普遍采用断桥式喷塑铝合金门窗、高效暖气片（配以可调式温控阀）、可调式通风系统、节能灯具、空心砖墙及复合墙体技术；部分楼宇安装有可热量回收的新风系统、加厚的复合外墙外保温墙板等。

（3）充分利用IT信息技术：“明日之城”示范区项目自启动伊始，就在能源生产与消耗、用水、垃圾、交通等设备安装方面运用电子卡技术实行全过程的管理、控制和运行监测，形成的数据库不仅为小区管理提供了依据，更可贵的是为小区每个住户提供了以下的动态信息服务：①可以随时查询和比较每月所用水、电、暖的状况，并可将建议和意见进行反馈；②可以提供垃圾回收处理的反馈；③可以提供动态停车和公共交通时刻表；④可通过宽带网实现在家办公。

3. 能源的供求平衡方面

“明日之城”做法是引入“大循环周期的概念”，即小区的电网、热网与市政电网、热网是串联的，保证了小区可再生能源在生产高峰时可将多余电量输给城市公共网而不浪费；反之，在低谷时可从公共电网获得补充。这种方法使得“明日之城”示范区在以年为周期的测评中，实现了小区能源的自给自足和供求平衡。此外，瑞典政府也采取一些经济措施鼓励可再生能源的生产和使用，如富余的可再生能源的售价可以高于市场价，居民使用时可以获得补贴等。

（二）节水

瑞典国内湖泊众多，淡水资源丰富，所以在水利用方面更注重污水排放对生态环境的影响。“明日之城”住宅小区的做法包括：

(1) 给排水系统。“明日之城”小区的给排水系统与市政管网相连。

(2) 雨水处理系统。主要针对瑞典南部多雨的特点，将雨水排放系统设计为：雨水首先经过屋顶绿化系统过滤处理，补充绿化系统水分，其余雨水经过路面两侧开放式排水道汇集，经简单过滤处理后最终排入大海。

（3）节水器具。住宅单元中普遍采用节水器具，例如两档、甚至三档的节水马桶，部分单元还安装了节水龙头。

（三）节地

主要通过合理的规划和设计提高小区的土地利用率，同时增加小区的美学观赏性。

（1）土地利用上。沿袭了瑞典传统的低密度、紧凑、私密、高效的用地原则。“明日之城”规划以多层为主（3 ~ 6 层），容积率较本地区其他住宅小区高。在设计上，各个住宅楼从外观立面到平面构图，乃至装修装饰都精彩纷呈、各具特色，在体现多样性的同时，又很好地实现了和谐统一，并突出展示了以人为本的功能性原则。

（2）高层塔楼。这栋超高层的综合公寓楼位于整个住宅示范区的北面；远望是由九个立方体经过叠加后，又顺时针扭转而成。整个建筑分为 54 层，总高度约为 190 米，居住总面积达 12150 平方米，可容纳 150 套居住与办公单元，于 2005 年秋季完工。

（3）充分利用地下停车场、鼓励自行车和公共汽车、在小区使用电瓶车等。

（四）节材

（1）主要通过合理的规划、设计和采用先进的住宅建造技术，达到节约建筑材料的目的。如，部分住宅楼采用钢结构体系。

（2）在小区招投标阶段，就提前公布建材选用指南，明确列出对环境和人体健康有害的材料清单，要求所有工程承包单位必须遵循。

（3）小区公共部分尽量应用使用寿命较长、可再生利用的材料（木材、石料等），并对未来可再用于铺设道路的底料加以考虑。

（五）环保

保护生态多样性、减少环境污染一直是西方国家环境保护的重点，也是创建可持续发展城市的重要举措。“明日之城”的实践也不例外。

（1）生物多样性保护：在“明日之城”项目启动伊始，先由当地的环保和科研机构对住宅示范区进行地毯式的物种搜索以及土质和水文测试，务求在项目开工之前，对那些曾在当地出现的物种进行妥善的移植和保护，并在项目后期进行景观设计时再移植回来。

（2）植被屋顶：在“明日之城”小区中穿行，碧绿色的屋顶构成了该住宅示范区的一道风景。其主要的功能是调节降水。通过植被屋顶，可以将60%的年降水通过蒸发再参与到大气水循环，其余的水经过植被吸收后再进入雨水收集系统；此外这样还有利于屋面的保温隔热，如一般屋顶的温度在冬季和夏季分别达到 −30℃和 +80℃，但经过植被屋顶的调节，冬季和夏季的温度分别为 −5℃和 +25℃。

（3）固体废弃物处理

①生活垃圾的处理：“明日之城”的做法是按照 3R 原则，遵循分类、磨碎处理、再利用的程序。居民首先将生活垃圾分为食物类垃圾和其他类干燥垃圾，然后把分类后的垃圾通过小区内两个地下真空管道，连接到市政相应处理站，通常食物垃圾经过市政生物能反应器，可转化生成甲烷、二氧化碳和有机肥；其他类干燥垃圾经焚化产生热能和电能。据测算垃圾发电可为住区每户居民提供 290 千瓦 · 时 / 年的电量，足够满足每户公寓全年的正常照明用电。

②建筑垃圾的处理：“明日之城”小区将建筑工地的垃圾细分为 17 类，大大提高了垃圾回收利用的效率。此外，很多开发单位采用工厂预制的方式生产住宅建筑的部品，减少了现场的建筑垃圾量。

③污水处理："明日之城"小区的污水通过市政管网并入市政污水处理系统。其中有两个厂房的功能值得一提：一个厂房负责将收集的污水进行发酵处理从而生产沼气，经净化后可以达到天然气的品位；还有一个厂房的功能是对污水中磷等富营养化学物质进行回收再利用，如制造化肥，以减少其对生态系统的破坏。

(4) 清洁能源：垃圾处理后的沼气发电可用于小区内电瓶机车的充电。

三、马尔默转型之经验

（一）提高市民的环保意识

马尔默地区有许多从事高等教育、研究和发展的机构。隆德大学、世界海洋大学、马尔默大学都为这座城市培养着人才，每年约有七八千高素质的毕业生，带着对于清洁能源技术、清洁技术以及环保技术的专业背景走入社会。伴随马尔默的成功，众多知识密集型企业在此生根发芽，在学校、人才、企业的良性互动之下，马尔默找到了可持续发展的路径，废弃的码头彻底变身为人们安居乐业的城市新区。良好的环境也吸引了众多IT和清洁能源技术企业在马尔默投资，众多知识密集型企业，如IT和清洁能源技术企业取代了制造业成为马尔默的经济支柱之一。

（二）工业与环保共同发展

发展工业和环保并不是冲突和对立的关系，现在来看，通过各种方法和手段，建设污染小、排放少的工业区是可以实现的。比如说工业通常需要大量的淡水，通过我们最新的技术，可以实现水的循环使用，从而可大量减少淡水的使用。在能源方面我们同样可以通过循环利用减少能源消耗，比如说重工业、钢铁制造业，他们是电力的耗能大户，通过循环使用清洁能源可以大量减少能源消耗，今天瑞典还有很多工业区，但是他们使用的能源已经大大不同了。

（三）注重培育"绿色技术"和"绿色企业"

马尔默最重要的经验就是要把眼光放得长远一点，有更长远的打算，并且城市的市民应该和政府部门一起，探讨和制订城市发展目标。要推动"绿色企业"的创业、发展，在为城市生产能源的同时，我们要考虑这些生产出来的能源能否在以后循环反复使用。

参考文献：

[1] 杨宜芳．低碳城市建设的治理路径——以瑞典马尔默为例．商品与质量，2012(2).

[2] 韩西丽，（瑞典）彼特·斯约斯特洛姆．风景园林介入可持续城市新区开发——瑞典马尔默市西港 Bo01 生态示范社区经验借鉴．风景园林，2011(4).

[3] 秦亦可．交通基建在城镇化过程中的推动：基于瑞典马尔默市的案例．现代城市，2012(7).

[4] 阿来．科技之邦，传奇之都 ——瑞典斯科纳省的华丽转身．

[5] 刘媛媛、张睿智．生态城市交通可持续发展浅议．城市，2013(6).

第五章　贝丁顿：零碳社区的标杆（英国）①

引　言

英国根据其能源储备与环境情况，提出以“立法为主，补贴为辅，全面推进，最终建立低碳社会”的模式，把建立低碳社会提升为基本国策。伦敦贝丁顿零碳社区是世界上公认的第一个“二氧化碳零排放”社区，正是这一基本国策贯彻下的丰硕成果。

英国在环境保护方面的立法，也走在世界前列。自 1968 年起，英国相继出台《污染控制法》《汽车燃料法》《污染预防和控制法案》《气候变化法案》《清洁社区及环境法》及《可持续发展社区法》等一系列控制碳排放的法案，是推进零碳社区建设的主要保障。

同时英国还设立了各种专项基金补贴作为辅助，其中“碳基金” 作为由英国政府利用每年大约有 6600 万英镑的气候变化税作为投资、按企业模式运作的商业化基金，有力地促进英国商业和公共部门减排二氧化碳，加大投资可再生能源等低碳技术。

一、基本概况

贝丁顿零碳社区位于伦敦南部萨顿区贝丁顿地区，是英国最大的零碳生

① 文章主要参考：周小玲《低碳社区典范——零能耗的贝丁顿社区》，《世界科学》2010 年 4 月。

态社区。该社区由英国著名的生态建筑师比尔·邓斯特(Bill Dunster)设计，建于2000年，占地1.7公顷，包括82个单元（271套公寓）和近2400平方米的办公商用面积，其设计理念是不牺牲现代生活舒适性的前提下，建造节能环保的和谐社区。

生态社区所在地原来是一片污物回填地，萨顿区政府为了将废地充分利用起来，决定在此开发生态村项目，希望建造一个“零化石能耗发展社区”，即整个小区只使用可再生资源产生满足居民生活所需的能源，不向大气释放二氧化碳，其目的是向人们展示一种在城市环境中实现可持续居住的解决方案以及减少能源、水和汽车使用率的各种良策。

这一理念提出后，伦敦最大的非营利性福利住宅联合会Peabody信托开发组织和环境评估专业公司生态区域开发集团于2000年开始联手打造贝丁顿零碳社区，并于2002年建成。社区建筑设计由英国著名生态建筑师比尔·邓斯特完成；生态区域开发集团是该项目的环境顾问，负责分析和撰写生态村的可持续发展评估报告。低碳经济兴起后，这里成为了全世界的焦点。

二、社区简介

（一）能源供应零排放

用水用电是居民生活中必需的能耗。贝丁顿零碳社区采用热电联产系统为社区居民提供生活用电和热水，尤其是其热电联产工厂CHP（Combined Heat and Power）使用木材废弃物、附近地区的树木修剪废料等替代化石能源作为燃料发电，是一大亮点。CHP的燃烧炉是一种特殊的燃烧器，木屑在全封闭的系统中碳化，发出热量并产生电能。燃烧过程中不产生二氧化碳，其净碳释放为零。CHP 生产的热水通过保温管道输送到每户核心位置的热水罐中。在寒冷季节可起到暖气的作用。

CHP 木材的预测需求量为 1100 吨 / 年，其来源包括周边地区的木材废料和邻近的速生林；为此，社区有一片三年生的 70 公顷速生林，每年砍伐其中的三分之一，并补种上新的树苗，以此循环。树木成长过程中吸收了二氧化碳，在燃烧过程中等量释放出来，因此它是一种零温室气体排放的清洁能源。

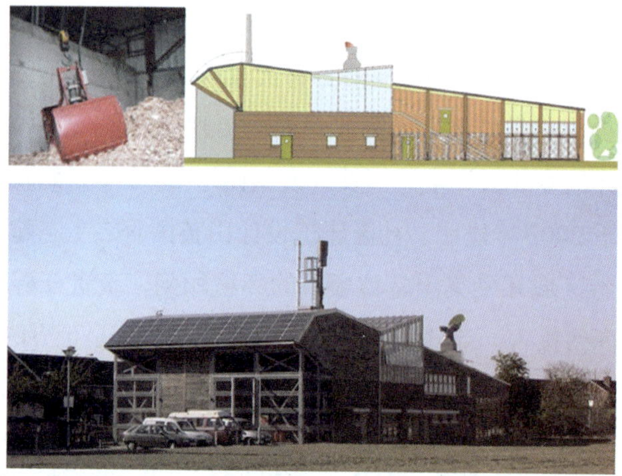

（二）采暖系统零能耗

英国冬季寒冷漫长，有大约半年为采暖期。针对这一特点，贝丁顿零碳社区通过各种措施减少建筑热损失并充分利用太阳热能，以实现不使用传统采暖系统的目标。

（1）各建筑物紧凑相邻，以减少建筑的总散热面积；建筑墙壁的厚度超过 50 厘米，中间还有一层隔热夹层防止热量流失；窗户选用内充氩气的三层玻璃窗；窗框采用木材以减少热传导等。

（2）屋顶上装有以风为动力的自然通风管道——风帽。风帽的一个通道排出室内的污浊空气，而另一通道则将新鲜空气输送进来，在此过程中，废气中的热量同时对室外寒冷的新鲜空气进行预热，最多能挽回 70% 的热通风损失。

（3）每户住宅都设计有朝阳的玻璃房，可以最大限度地吸收阳光带来的热量。而且房屋使用了可积蓄热能的材质建造，温度过高时，房屋即可自动储存热能，甚至可以保留每个家庭煮饭时所产生的热能，等到温度降低时再自动释放，以此减少暖气的使用。

（4）社区建筑的屋顶还种植了大量的景天植物，以达到自然调节室内温度的效果。冬日，景天类植物就是防止室内热量流失的绿色屏障；夏天，这些隔热降温的绿色屏障上还会开满鲜花，把整个贝丁顿装扮成美丽的大花园。

（三）示范建筑成本低廉

贝丁顿零碳社区并没有像其他生态示范建筑一样，采用成本较高的新技术和新材料，导致造价昂贵。社区在建造过程中因“就近取材”和大量使用回收建材而大大降低了成本。为了节约能源，建筑的95%结构用钢材是从35英里[①]内的拆毁建筑场地回收的，其中部分来自一个废弃的火车站，许多木料

① 1英里＝1.6093千米。

和玻璃都是从附近的工地上“拣”的。建筑窗框选用木材而不是未增塑聚氯乙烯，仅这一项就相当于在制造过程中减少了10%以上（约800吨）的二氧化碳排放量。同时，为减少运费和污染，建筑所需的新材料都购自最近的建材市场。

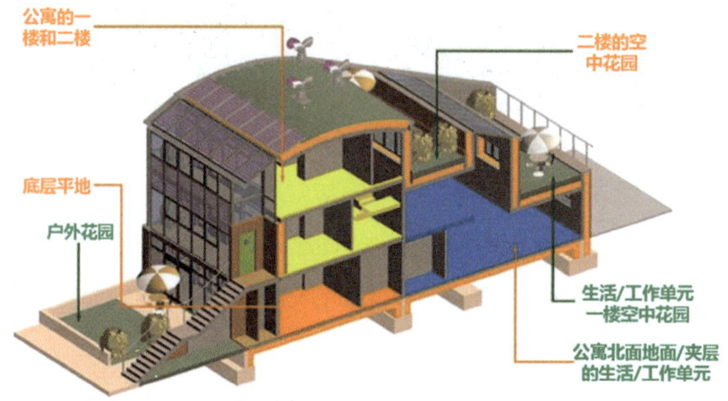

（四）居家生活资源消耗少

为了实现对水资源的充分利用，社区建有独立完善的污水处理系统和雨水收集系统。生活废水被送到小区内的生物污水处理系统净化处理，部分处理过的中水和收集的雨水被储存后用于冲洗马桶。其后，这些水即可进行净化处理，并在芦苇湿地中进行生物回收。而多余的中水则通过铺有砂砾层的水坑渗入地下，重新被土壤吸收。

此外，设计者采用多种节水装置降低水的消耗量。比如，所有马桶均采用控制冲水量的双冲按钮，一次冲水量比普通马桶节水5～7升；采用节水喷头，每分钟水流量比普通喷头少6升；节水龙头装有水流自动检测功能，每分钟水流量比普通水龙头少13升。其他一些节能措施还包括，整个生态村全部使用低能耗灯具和节能电器；厨房的电表、水表、天然气表可以让居民对自己使用的能源量一清二楚。厨房的橱柜由4部分组成，方便了居民对物品进行归类和循环使用。其他一些环保措施还包括能将用水量减至最低的低压淋浴设备。

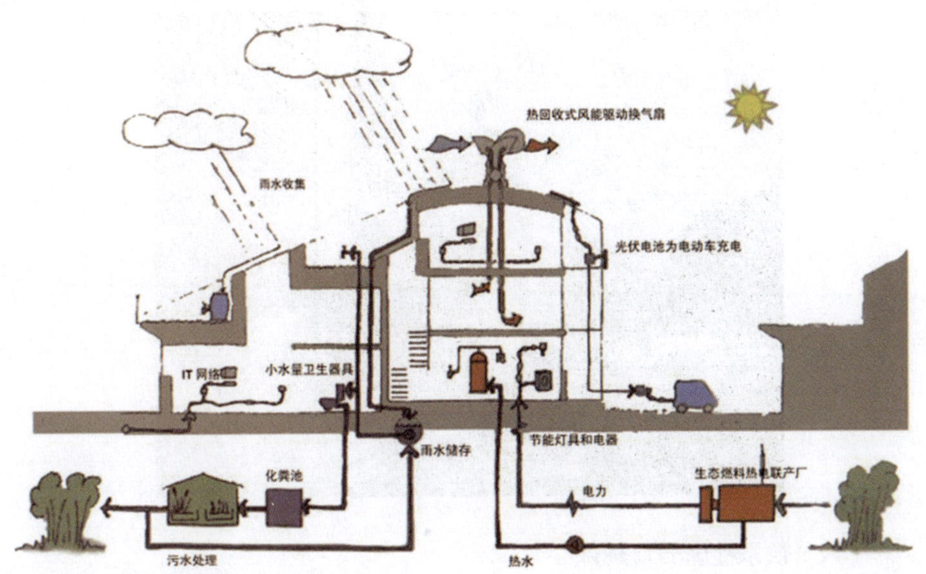

（五）绿色交通减少出行

为减少居民的出行，社区内的办公区为部分居民提供在社区内工作的机会。公寓和商住、办公空间的联合开发，使这些居民可以从家中徒步前往工作场所，减少社区内的交通量。同时，为减少居民驾车外出，物业管理公司为社区内的商店组织当地货源，提供新鲜的环保蔬菜、水果等食品；退台式屋顶的设计，为每一层公寓提供了露台或花园的空间，鼓励居民在自家花园种植蔬菜和农作物；社区内还设置多种公共场所——商店、咖啡馆和带有儿童看护设施的保健中心，满足了居民多样化的生活需要。

此外，社区建有良好的公共交通网络，包括两个通往伦敦的火车站台和社区内部的两条公交线路。开发商还建造了宽敞的自行车库和自行车道。遵循“步行者优先”的政策，人行道上有良好的照明设备，四处都设有婴儿车、轮椅通行的特殊通道，还为电动车辆设置免费的充电站。其电力来源于所有家庭安装的太阳能光电板（将太阳能转换为电能），总面积为 777 平方米的太阳能光电板，峰值电量高达 109 千瓦 / 时，可供 40 辆电动车使用。

（六）快乐社区节俭环保

目前，贝丁顿社区的居住人口近 300 人，既有教师、医生和警察等公共部门的工作人员，也有退休老人和低收入者。在这里，很多人逐渐改变了以往不够环保的生活习惯，居民们使用可洗涤的尿布或可循环产品的情况远远高于其他居住区。然而，节约环保的居家生活并不意味着清贫简朴的“苦行僧”生活；恰恰相反，这里所有的房子配套设施都非常完善，既有电脑、网络和高级音响，又有各种小家电。而这正是贝丁顿社区最初的设计理念之一——环保而且舒适。

根据入住第一年的监测数据，贝丁顿每家住户一年的水电费支出可减少 3847 英镑。与其他社区相比，该生态社区住户的采暖能耗降低了 88%，用电量减少 25%，用水量只相当于英国平均用水量的 50%，汽车行驶里程为全国平均水平的 65%，减少二氧化碳排放 147.1 吨。

三、经验借鉴

（一）零耗能的设计理念

贝丁顿零碳社区的建筑师 Bill Dunster 认为：社区建设的核心是在提高生活质量的同时，要有效降低资源的消耗。为此，他与环境顾问公司生态区开发集团合作，成立了一个称作零能耗工厂（ZEDfactory）的组织，通过切实有效的工作证明环保生活方式的必要性和可行性。

（二）贯彻绿色标准

贝丁顿零碳社区研发了一系列标准。根据场地条件和需求进行分析，给出明确环保要求的同时提供相应的造价，使开发商在项目策划阶段就能知道开发成本。由于在项目中体现了可持续的目标，开发商往往会因此而获得提高容积率的奖励，从而平衡在绿色建设方面的投入。

（三）与供应商合作

贝丁顿零碳社区与产品供应商建立了密切的关系，共同研发产品并推向市场。他们甚至可以商定设计中采用的产品价格，向业主提供最大的优惠。

社区还将设计与施工紧密地结合在一起，并与专业咨询公司建立长期的合作关系，可以不断验证和改进设计。

参考文献：

[1] 周小玲．低碳社区典范——零能耗的贝丁顿社区．世界科学，2010(4)：26－27.

[2] 刘嘉．贝丁顿生态村的“低碳”启示．资源再生，2010(3).
[3] 刘烨．低碳理念下城市社区建设趋势研究——以英国贝丁顿社区的建设举例．西部经济管理论坛，2011(3).
[4] 蜚声世界的可持续范例——英国贝丁顿零能源社区．广西城镇建设，2010(6).
[5] 武德俊．探访建成十年后的贝丁顿零碳社区．节能与环保，2012(10).
[6] 汪耀．走向新时代的生态零排放社区——英国 BedZED 零能耗发展项目探究．工程技术，2013(12).

产业园区篇

第一章 从“煮豆之地”到“亚洲硅谷”：班加罗尔式飞跃（印度）①

引 言

班加罗尔作为印度的硅谷和科技中心，其成功是多方面因素共同作用的结果。既离不开前印度总理拉杰夫 · 甘地对软件业的支持，也少不了法律环境、政府政策和管理体制等因素。

印度为了保护和促进软件业的发展，专门制定和修改了《信息技术法》和《版权法》等法律法规，以加强知识产权的保护。其中，1994 年新修订的《版权法》对软件的保护和侵权的处罚做出了明确规定，被称为“世界上最严厉的版权法”之一。印度还对《印度证据法》、《银行背书证据法》和《印度刑法》等法律中的有关条文进行了修订，对非法入侵计算机网络和数据库，传播计算机病毒等违法行为规定了惩罚措施。

此外，在知识产权评估、商业化、技术转让、假冒以及知识产权领域方面的相关问题，法律均有相应规定。正是在高效运作的管理体制、合理的知识产权保护、完善的基础设施等因素的共同作用下，班加罗尔的飞跃才得以在 20 年时间内得以实现。

① 文章主要参考：王伟、章胜晖《印度班加罗尔软件科技园投融资环境及模式研究》，《亚太经济》2011 年第 1 期。

班加罗尔意为“煮豆”，建于16世纪。自1831年起被英国殖民者占领，直到1947年英军才撤离该市。今天，班加罗尔已是印度的科学技术中心和工业投资重点地区，也是印度最富裕和最有活力的城市。班加罗尔的崛起，离不开城市南郊的电子城，这里是全球第五大信息科技中心，并为班加罗尔赢得了“亚洲硅谷”的称号。

一、班加罗尔软件科技园的背景与现状

（一）成立

在1984年以前，印度政府奉行自力更生和进口替代的发展战略，计算机硬件和软件发展缓慢。1984年，印度总理拉杰夫 · 甘地第一次将软件业确认为产业，可以合法地享受投资补贴及其他优惠政策；1986年，印度政府颁布了《计算机软件出口、发展和培训政策》，标志着印度软件业正式摒弃了自力更生和进口替代的发展战略，使印度公司可以自由地获得最新的技术和软件设备。

1991年，班加罗尔软件产业科技园正式建立，这是印度的第一个计算机软件技术园区，耗资60亿卢比，由邦政府、印度塔塔集团与来自新加坡的资金合建，邦政府占20%的股份，其他两家各占40%。

1998年，印度总理办公室成立了国家技术与软件发展委员会，该委员会在成立的第二年制定了《IT行动计划》。为了监管《IT行动计划》的执行，印度政府成立了一个新的部门信息产业部，成为当时世界上少有的专门设立IT部门的国家之一。此后，一些重要的高科技公司和跨国公司进入了该地区，使班加罗尔迅速崛起。

（二）发展

从发展历程来看，班加罗尔软件科技园经历了4个发展阶段，分别为：

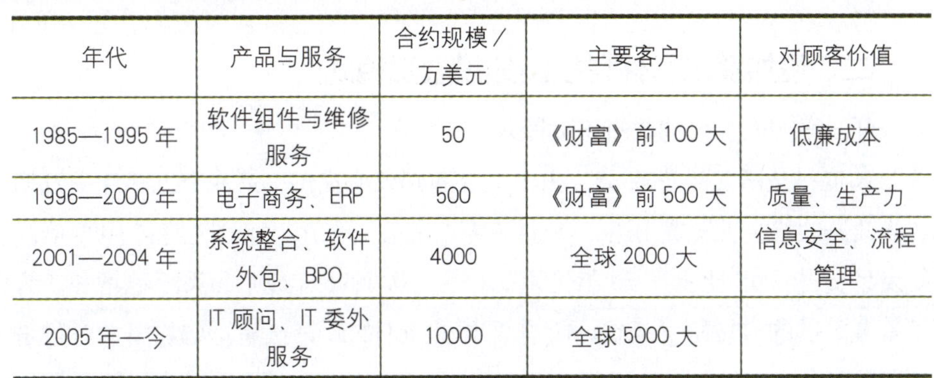

年代	产品与服务	合约规模/万美元	主要客户	对顾客价值
1985—1995 年	软件组件与维修服务	50	《财富》前 100 大	低廉成本
1996—2000 年	电子商务、ERP	500	《财富》前 500 大	质量、生产力
2001—2004 年	系统整合、软件外包、BPO	4000	全球 2000 大	信息安全、流程管理
2005 年—今	IT 顾问、IT 委外服务	10000	全球 5000 大	

（三）现状

如今在班加罗尔的高科技园区中，通用、微软、甲骨文、德州仪器等国际知名品牌公司挨肩接踵，印度本地的著名软件企业 INFOSYS、WIPRO 和 TATA 咨询公司等雄踞一方，让人深切感到其雄厚的实力。班加罗尔已有高科技企业 5000 多家（1000 多家由外资参与经营）。软件企业 1400 多家，其中 60 多家为 IC 设计公司，近 250 家为系统软件公司，140 多家通讯软件公司，350 家应用软件公司，350 家是与 IT 业相关公司。全球 500 强中就有 160 多家企业由印度供应其全球营运点所使用的软件。全球软件开发评级 CMM（Capability Maturity Model）的最高等级是五级，印度拥有 58 家，其中的 33 家就坐落在班加罗尔。班加罗尔抓住印度政府大力发展信息产业的时机，利用本地资源优势，集中发展软件外包产业，已发展成为印度最大、最著名的软件科技园，成为全球重要的软件外包中心。

二、班加罗尔软件科技园的投融资模式

（一）不断加大的政府研发投入

印度科技研发经费的85%由中央及各邦政府提供。第八个五年计划时期各级政府的科技研发费用达2000亿卢布，是第一个五年计划时期的1000倍。研发经费占GDP比重在50年代为0.05%，从1996年以后保持平稳增长。为了筹集足够的科技研发经费，政府采取了如下的政策措施：增加国家对科研经费的财政开支，设立技术开发和应用基金，出台《征收研究与开发税的条例》，同时鼓励科研机构与企业联合创新开发，促进科研成果商业化、产业化。

（二）优惠的商业银行贷款

印度商业银行如印度工业发展银行提供优惠的贷款给软件企业，而且，商业银行的分支行设立一个专门的IT金融部门来为软件企业服务。另外，商业银行经常以股本的模式参与企业投资，为企业提供增值服务。

（三）便利的上市融资

政府为软件公司进入国内外证券市场融资创造宽松的环境。允许信息技术企业注册后1年内就可公开上市集资。在班加罗尔本地拥有班加罗尔证券交易所，便于班加罗尔软件科技园区企业在当地上市融资。

（四）独特的风险投资

早在1973年，印度就提出建立一个10亿印度卢比风险投资基金的初步构想。在1986年颁布的《科研开发税条例》中，将研发税的40%（每年约1亿卢比）用于对风险基金的补贴；对风险投资的投资收益全部免税；建立不同层次和性质的风险基金，包括国家风险基金、联邦风险基金和私营风险基金；为风险资本设立10亿卢比的基金。

自1991年印度经济改革以来，印度政府大力扶持国内风险投资。班加罗尔软件科技园的风险投资公司的主要特点：一是主要由金融机构发起设立，包括由中央联邦政府控制的金融发展机构、由州政府控制的金融发展机构、由公共商业银行、外资银行及私人银行发起设立。二是风险投资主要投资于风险企业的成长期、后期及已上市风险企业。

三、良好的投融资环境促进班加罗尔发展

除以上所举因素之外，班加罗尔软件科技园的成功离不开其优越的投融资环境及与之相适应的投融资模式。

（一）高效运作的管理体制

按照印度政府颁布的法令，班加罗尔软件科技园注册为独立的自治机构，直属于印度电子部管辖，反映出电子部希望避免政府对产业的直接干预。软件科技园的主管拥有广泛的权力，他们有意识地像“朋友、哲人和向导”一样为产业提供服务。

（二）创造合适的法律环境，保护软件知识产权

为了保护和促进软件业的发展，印度政府十分重视该行业的知识产权保护，为此专门制定和修改了《信息技术法》和《版权法》等法律法规。1994 年，新修订的《版权法》对软件的保护和侵权的处罚做出了明确规定。2000 年，正式颁布实施的《信息技术法》对非法入侵计算机网络和数据库、传播计算机病毒等违法行为及其惩罚做出了规定，为电子文书和电子合同提供了法律依据。

（三）完善的基础设施

当班加罗尔建立全国第一个软件科技园以后，班加罗尔所在的卡纳塔克邦就积极提供多方面的方便。该邦自筹资金增建了发电厂，扩建了电信设施，使园区具备了完整的电力设施、供水系统和通信设备，为信息产业的发展提供了完备的硬件支持。该邦还倡导办公、财务活动等都要电子化，又为信息产业的发展提供了可靠的国内市场支持。这些措施都对班加罗尔软件产业的快速健康发展产生了巨大的刺激作用。1991 年，印度政府投资兴建了可高速传输数据的微波通讯网络 SoftNET，为软件企业提供高速可靠的数据通信连接。而且，班加罗尔软件科技园还建立了一个卫星基站作为印度唯一的网络操作中心。班加罗尔软件科技园网络中心通过微波中继和卫星地面站与国内外用户联系，使软件开发机构不出园区就可以为国际用户提供服务。

（四）有力的政府扶持政策

印度政府为促进园区快速发展，从税收、投资、进出口、政府采购等方面制定了较为完善的政策措施。

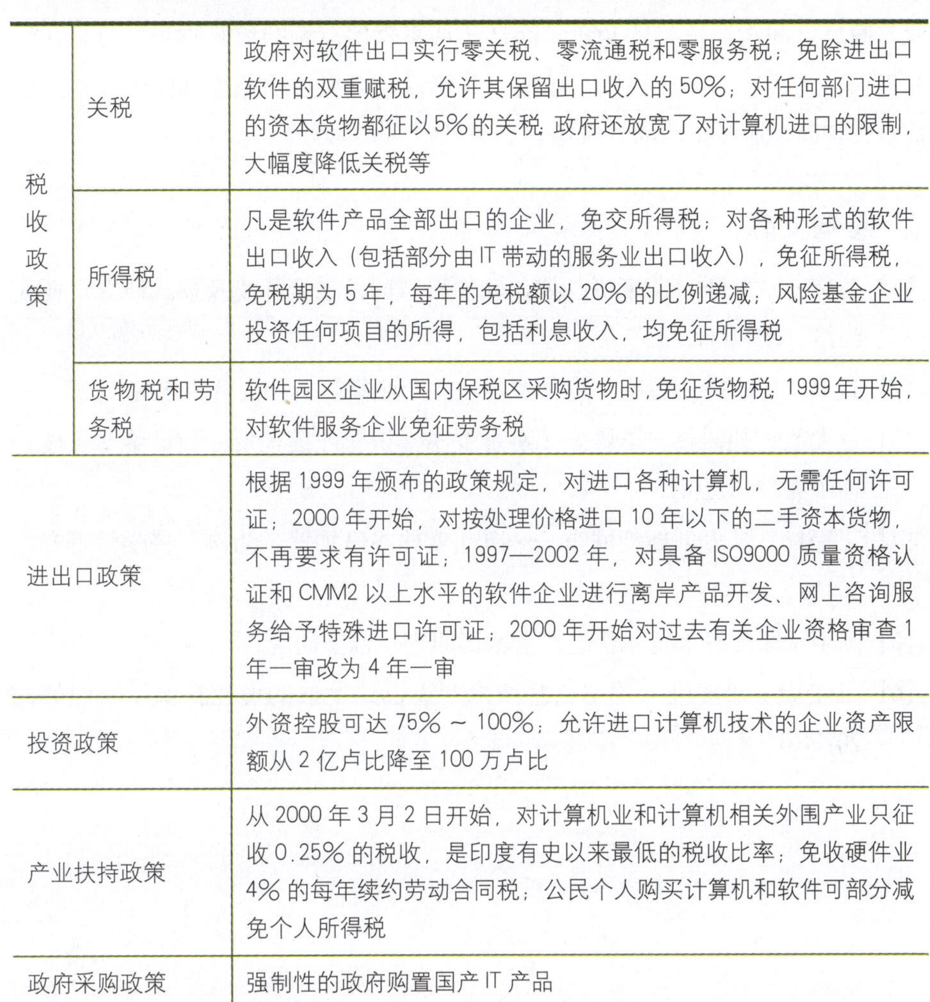

税收政策	关税	政府对软件出口实行零关税、零流通税和零服务税；免除进出口软件的双重赋税，允许其保留出口收入的 50%；对任何部门进口的资本货物都征以5%的关税 政府还放宽了对计算机进口的限制，大幅度降低关税等
	所得税	凡是软件产品全部出口的企业，免交所得税；对各种形式的软件出口收入（包括部分由 IT 带动的服务业出口收入），免征所得税，免税期为 5 年，每年的免税额以 20% 的比例递减；风险基金企业投资任何项目的所得，包括利息收入，均免征所得税
	货物税和劳务税	软件园区企业从国内保税区采购货物时，免征货物税 1999 年开始，对软件服务企业免征劳务税
进出口政策		根据 1999 年颁布的政策规定，对进口各种计算机，无需任何许可证；2000 年开始，对按处理价格进口 10 年以下的二手资本货物，不再要求有许可证；1997—2002 年，对具备 ISO9000 质量资格认证和 CMM2 以上水平的软件企业进行离岸产品开发、网上咨询服务给予特殊进口许可证；2000 年开始对过去有关企业资格审查 1 年一审改为 4 年一审
投资政策		外资控股可达 75% ~ 100%；允许进口计算机技术的企业资产限额从 2 亿卢比降至 100 万卢比
产业扶持政策		从 2000 年 3 月 2 日开始，对计算机业和计算机相关外围产业只征收 0.25% 的税收，是印度有史以来最低的税收比率；免收硬件业 4% 的每年续约劳动合同税；公民个人购买计算机和软件可部分减免个人所得税
政府采购政策		强制性的政府购置国产 IT 产品

（五）有效的服务中介组织

为了促进印度软件业全球离岸市场的全面发展及保持印度软件业外包的领导地位，印度早在 1988 年就成立了印度全国软件和服务公司协会 NASS-COM，它是一个非营利性组织，总部设在新德里，在孟买、海德拉巴、班加罗尔、加尔各答、浦那、金奈设有区域办公室。NASSCOM 是印度信息产业数据的唯一来源，另一家非营利性民间组织电子计算机软件出口促进会（ESC）吸收了国内外 2000 多家会员企业，其中软件业 800 家。它不但扮演着作为企业与政府之间沟通桥梁的角色，而且还从事软件市场的信息收集、分析和研究工作，为政府和企业提供市场信息与建议，组织会员单位到国内外举办展览会，帮助企业开拓国内外市场。

参考文献：

[1] 王伟、章胜晖．印度班加罗尔软件科技园投融资环境及模式研究．亚太经济，2011(1).

[2] 聂鸣、梅丽霞、鲁莹．班加罗尔软件产业集群的社会资本研究 .pdf.

[3] 赵发兰、胡树林、李姝影．班加罗尔知识管理模式及经验借鉴．科技管理研究，2011(4).

[4] 王程韡．反思创新型城市——以印度硅谷班加罗尔为例．科学学研究，2011 ，29(4).

[5] 陈平．印度班加罗尔信息产业集群研究．商业研究．

[6] 王俊周．印度班加罗尔信息技术产业迅速发展的奥秘探源．新西部，2012(6).

第二章　北九州循环工业园：资源再生典范（日本）

引　言

北九州市自遭遇严重公害事件后，在政策和法律法规的促进下，启动大规模的环境整治。日本在循环经济方面的立法中明确了国家、地方政府、企业、公众的责任和义务，是北九州循环工业园建设的有力保障。

在国家层面上，日本已经建立起完善的保障循环经济发展的法律体系。其法律体系分为 3 个层次，一是基本法：《循环型社会形成推进基本法》；二是综合法：《废弃物处理法和资源有效利用促进法》；三是专门法：《容器包装再生利用法》、《家电再生利用法》、《建筑材料再生利用法》、《食品再生利用法》、《汽车再生利用法和绿色采购法》等，做到了发展循环型社会有法可依、有章可循。

北九州市还制定了《北九州市公害防止条例》，其标准比国家规定更为严格，特别是规定了企业和公众的“排放者责任”原则和“扩大生产者责任”原则，规范了官、产、民在建立循环型社会方面的社会行为。在这一层次分明的法律体系下，北九州市的改造得以顺利开展，使得北九州市从“七色烟城”变成“星空城市”。

一、沉重的发展历史

北九州市位于日本九州岛最北部，该工业地带的主要产业有钢铁、化工、机械、炉窑业以及信息关联产业等，是日本四大工业基地之一。从 20 世纪中叶开始不断出现的公害问题，给该地区造成了难以估量的经济与环境损害。许多大型工厂集中在洞海湾边，年降尘量创日本最高纪录，许多市民感染上了哮喘病，北九州市也因此被称作“七色烟城”。1968 年，震惊世界的八大公害事件之一的米糠油事件（亦称多氯联苯污染事件）就发生在这里。

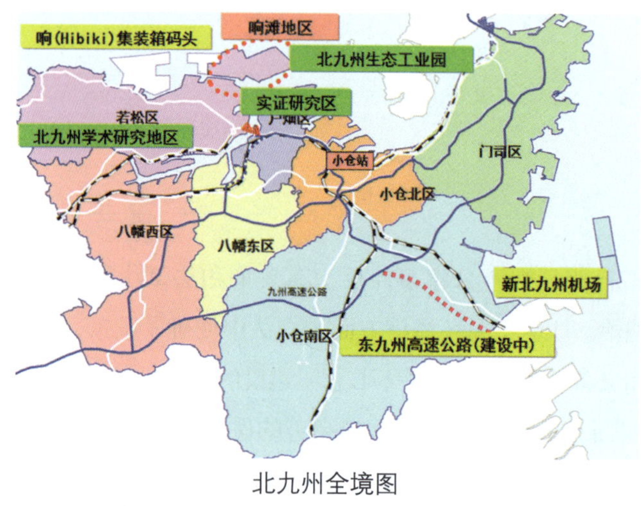

北九州全境图

“公害事件”犹如当头一棒，从政府到民间企业，从学者到普通市民，都把环保当成头等大事。政府实施了包括缔结防止公害的协议、疏浚洞海湾、设置公害监视中心、建设污水处理厂等一系列措施；企业也逐渐设置污染防治设备、引进清洁生产技术。经过 20 多年的努力，终于把降尘量位居日本首位的“七色烟城”，变成“星空城市”（北九州市 1987 年被日本环境厅评为“星空城市”）。1990 年北九州市还成为日本第一个获得联合国环境规划署颁发的“全球 500 佳奖”的城市。

二、北九州生态工业园总体构成

园区主要设立三大区域：验证研究区、综合环保联合企业群区和响（Hibiki）再生利用工厂群区。

（一）验证研究区域

在该区域内，企业、行政部门和大学通过密切协作，联合进行废弃物处理技术、再生利用技术的实证研究，从而成为环境保护相关技术的研发基地。

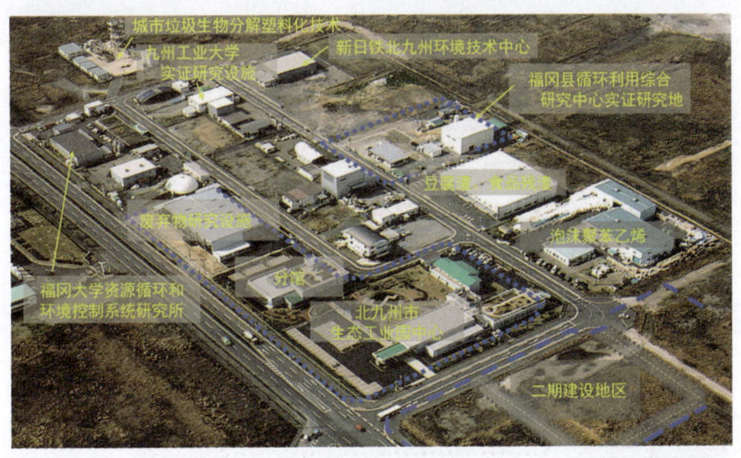

验证研究区全景

（二）综合环保联合企业群区

各个企业相互协作，开展环保产业企业化项目，从而使该区成为资源循环基地。区域内主要汇集了废塑料瓶、报废办公设备、报废汽车等大批废旧产品再循环处理厂，并通过复合核心设施，将园区内企业排出的残渣、汽车碎屑等工业废料进行熔融处理，将熔融物质再资源化（如制成混凝土再生砖等），同时利用焚烧产生的热能发电，并提供给生态工业园区的企业。

综合环保联合企业群区

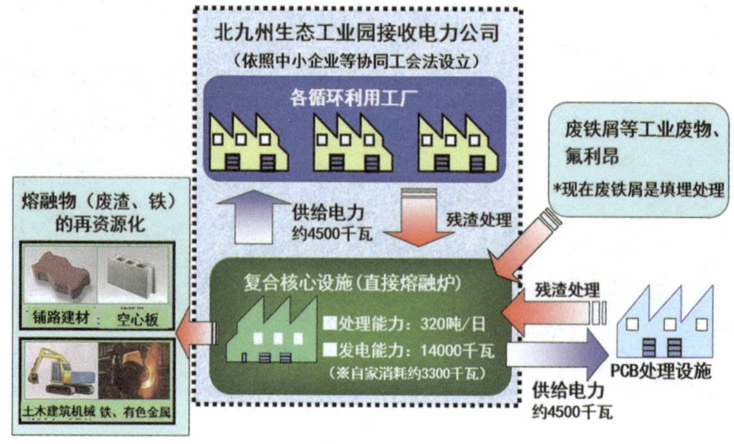

（三）再生利用工厂群区

该区域分为汽车再生区域和新技术开发区域。前者是由分散在城区内的 7 家汽车拆解厂集体搬迁而形成的厂区，目的是通过共同合作，实施更为合理、有效的汽车循环再利用。后者是当地中小企业和投资公司应用创新技术的地方，市政府通过制定优惠政策，吸引一些小型废弃物处理企业进入该区，扶持中小企业在环保领域的发展。

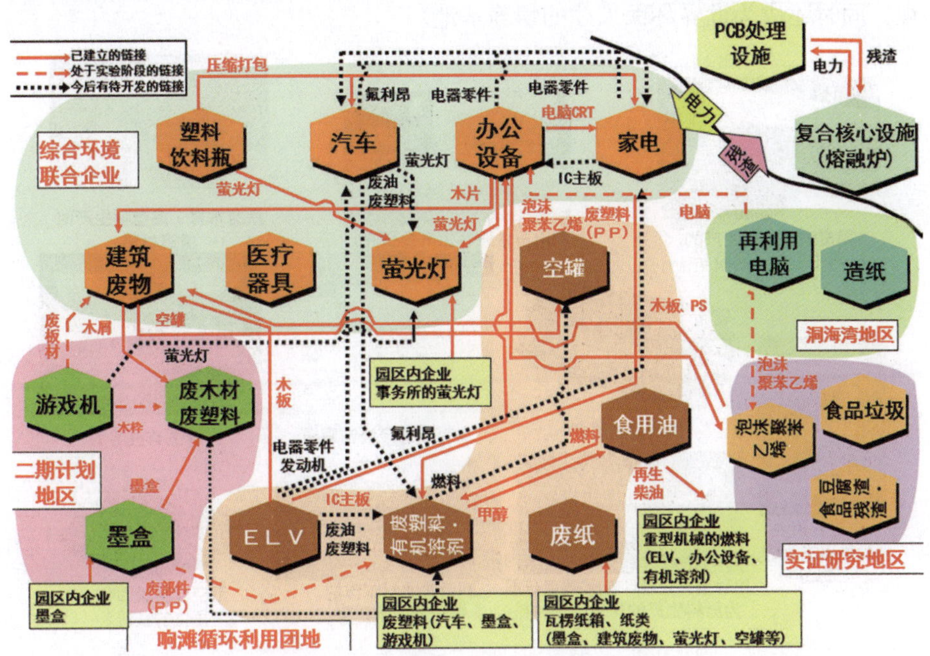

北九州生态工业园内企业间链接图

三、北九州生态工业园的效益

（一）显著的环境效益

北九州市发展重工业时造成的严重环境污染被彻底改变，已从“浓烟滚滚的天空和死海”中奇迹般的复苏。目前每年减少碳排放 18 万吨，居民生活品质得以明显提高。

（二）可观的资源效益

园区通过发展资源循环再利用项目，提高了资源回收和再利用率。目前每年回收废弃物 77000 吨，其中来自北九州市外的废弃物达 70000 吨；再利用 70000 吨，其中北九州市内再利用 19000 吨。

（三）长远的教育效益

北九州工业园已成为日本环境学习基地之一，对日本公众开放并接受参观，同时还成为世界环保人才的培养基地。

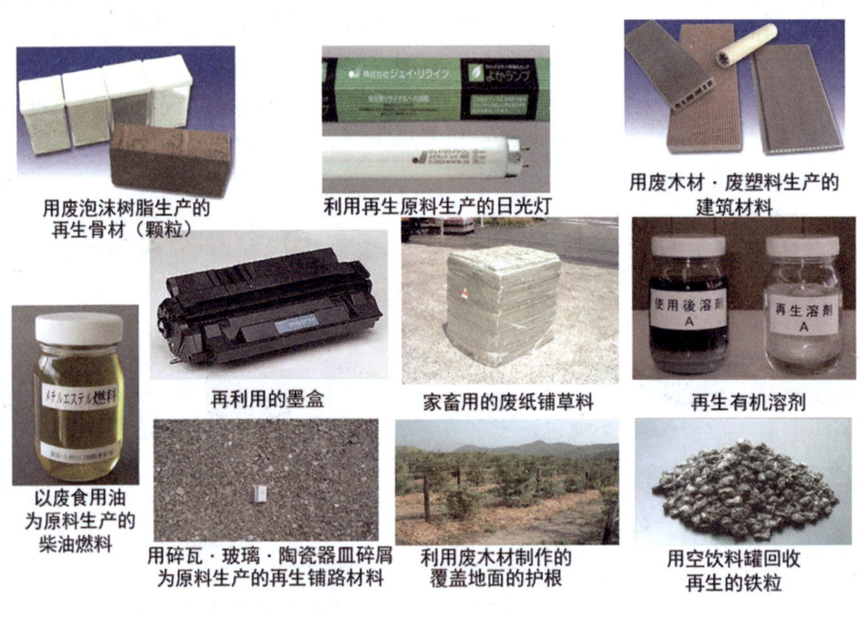

用废泡沫树脂生产的再生骨材（颗粒）

利用再生原料生产的日光灯

用废木材·废塑料生产的建筑材料

以废食用油为原料生产的柴油燃料

再利用的墨盒

家畜用的废纸铺草料

再生有机溶剂

用碎瓦·玻璃·陶瓷器皿碎屑为原料生产的再生铺路材料

利用废木材制作的覆盖地面的护根

用空饮料罐回收再生的铁粒

园内相关环保产品

四、特点及成功经验

（一）政府有力的政策支持

各级政府建立了生态工业园区补偿金制度。对进入园区的具有先进技术的企业，国家补助其企业建设经费 1/3 ~ 1/2 的费用；北九州市政府对入园企业补助其总投资额 2.5%的费用，对入驻园区的企业在土地、选址、建设项目立项等方面给予补助。属于自购土地的，新建项目最多可补助 10%，扩建项目最多可补助6%；租赁土地的，在项目运行的第一年，可免除第一年租金的一半。对于科研机构和验证研究机构，市政府每年也将给予一定的补助。

北九州还制定了对产业废弃物征税的条例，以促进废弃物的减量化、资源化。在政府政策投资银行等的政策性融资对象中，与3R事业、废弃物处理设施建设等相关的项目，可以得到税收优惠。

（二）完善的法律保障体系

从国家层面上，日本已经建立起完善的保障循环经济发展的法律体系，包括《推进循环型社会形成基本法》、《固体废弃物管理与公共清洁法》、《资源有效利用促进法》、《促进容器和包装分类回收法》、《家用电器回收法》、《建筑材料回收法》、《报废汽车循环利用法》等。

北九州市制定了“北九州市公害防止条例”，其标准比国家规定更为严格；市政府还与市内的重要企业签订了“公害防治协议书”。

（三）重视科研及人才培养

北九州市的工业化已有百年历史，积累了丰富的产业技术及人才优势。1994 年北九州市开始构建“北九州学术研究城”，为循环经济的发展提供科技支持和智力支撑，目前已有早稻田大学、北九州大学、英国克拉菲尔德大学等多所研究机关和新日铁公司等40 多家企业进驻城内。在生态工业园的实证研究区内，政府、企业和多所大学联合起来建立了多个试验基地，吸收了大量高科技人才进行科学研究。

（四）官、产、学、民共同参与

北九州生态工业园区的建设以地方为主体，中央政府和地方政府共同辅助和管理，企业、研究机构、行政部门积极参与，形成了“官、产、学一体化”的生态工业园区管理和运作模式，企业与研究机构、政府之间进行强有力的合作。同时，政府向社会和市民公开信息，加强与市民之间有关风险方面的信息交流。企业也做到信息、设施公开，与市民共享信息，并制定风险管理与风险评价的方法，以加深相互的理解，力争避开或降低风险，最终消除市民的不安感、不快感与不信任。

政府、企业与市民的沟通

参考文献：

[1] 岳思羽、王军、刘赞，等．北九州生态园对我国静脉产业园建设的启示．环境科技，2009(5).

[2] 王慧珍．从日本北九州生态工业园对比天津经济技术开发区生态工业园的建设．天津科技，2006，22(5).

[3] 翟昕．暖春之旅：日本北九州生态工业园的实践和理念．资源再生，2008(9).

[4] 肖鹏程．日本北九州生态城发展循环经济的经验及启示．西南科技大学学报，2010，27(1).

[5] 王雅楠．日本北九州生态工业园的成功经验及其对廊坊市发展循环经济的启示．科技信息，2011(4).

第三章　裕廊工业区长生不老的秘密（新加坡）

引　言

新加坡裕廊工业区是亚洲最早成立的开发区之一，经历了劳动密集型、资本密集型、技术密集型、知识密集型四个发展阶段，至今依然保持旺盛的发展活力。裕廊工业区长生不老的秘密不仅在于优良的工业区位和先发优势，还在于其准确的规划定位以及配套法规的制定与实施。

裕廊工业区在建设伊始即充分考虑园区定位、空间布局、社会功能分布及园区经营管理模式、服务体系等，通过统一规划提前安排协调，并随着新加坡经济发展不断调整园区产业定位；与此同时，裕廊工业区在引进外资和先进技术、建设城市——产业一体化模式的新兴工业市镇以及确定园区治理模式时，充分利用法规和制度的引领性、推动性、保障性作用，先后颁布《新兴工业豁免所得税法令》、《工业扩展豁免所得税法令》、《经济扩展奖励豁免所得税法案》作为发展工业的基本优惠政策，通过基础设施建设和政策引导鼓励员工在园区安家落户并确立政府和企业共同参与工业区管理的制度安排，实现了政府主导和市场运作在园区建设中相得益彰。

一、裕廊工业区发展的历史沿革

新加坡政府从 1961 年开始实行工业化战略，首先在裕廊地区建立工业基地，经过半个世纪的发展，裕廊工业区已从最初的0.06平方公里发展到今天的63平方公里，成为东南亚地区最大的工业区。裕廊工业区的发展可以分为四个阶段。

（一）劳动密集型产业主导时期

从1961年9月到20世纪70年代末。这一阶段经历了“代替进口”向“面向出口”的策略转变。裕廊镇工业管理局成立（1968年6月）前，裕廊工业区由经济发展局负责经营，主要进行了以下工作：制定发展规划，开展拓荒填土工程，大规模地建设工业基础设施。裕廊镇工业管理局成立后，明确提出要逐步转向国际市场，实行出口导向策略，并要积极利用外资。第一阶段大力发展以传统手工业为主的劳动密集性产业，主要是为了解决新加坡国内就业问题，改变其工业落后的面貌。

（二）资本密集型的高科技产业主导时期

20世纪80年代。20世纪80年代起，新加坡逐渐失去人口红利，劳动密集型产业逐渐不占优势，裕廊镇工业管理局开始着手重组经济结构，加大资本投入和招商引资力度，促使工业转型升级，成功完成了从劳动密集型向资本密集型产业转变。

（三）技术密集型的高科技产业主导时期

20世纪90年代。20世纪90年代见证了裕廊工业园以商业为主导、以客户为中心、以国际化为聚焦点的转变。1992年国际商业园一期工程完成，商业园集商业、工业和办公于一体，是商务和科技中枢，更好地满足了高科技产业的需求；1995年晶片园开始发展，与此同时，一个世界级的化工中枢也开始建设，奠定了新加坡全球化学枢纽的地位；1997年商业园二期工程也顺利完成，紧接着同年启动了面向21世纪的工业园土地计划，目的是进一步集约利用土地；1997年开始着手成立裕廊学院，旨在为技术研发提供智力支持。

（四）知识密集型的创新产业主导时期

从2000年起至今。进入21世纪，工业园区将成本效益分析和知识经济融合到工业园区的设计和发展之中。2000年建立了新加坡第一个物流园，是第三方物流供应商为其全球客户提供服务的亚洲第一个物流基地；21世纪信

息园也建设成功，集工作、生活、娱乐和学习于一体的占地 200 公顷的纬壹科技城 2004 年开始建设。2006 年裕廊岛地下储油库开始投入使用，进一步巩固了新加坡全球化学枢纽的地位。实里达航空工业园也开始建设，预计 2015 年竣工，用作宇航维修和检查工作，飞机系统与零件的设计和制造，以及一般商业性的航空活动。2010 年新加坡第一个综合的化学后勤园和新加坡第一个世界顶尖的生物医学研发基地——生物科技园建设完成。裕廊工业区在激烈的国内外竞争中仍然保持了竞争优势，把知识密集型产业推向了一个更大的发展台阶。

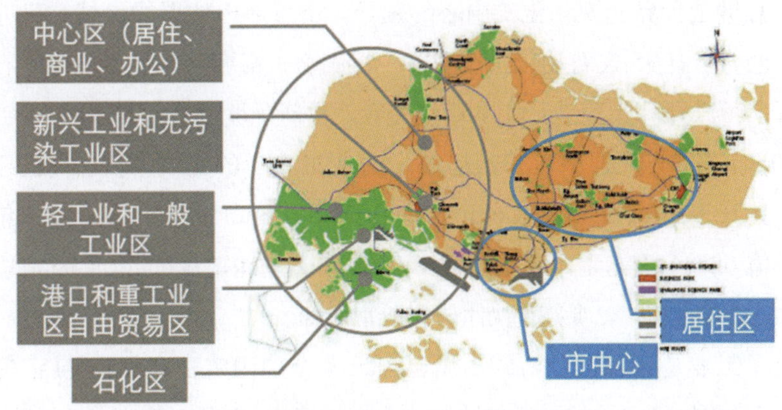

二、裕廊工业区发展现状

经过半个世纪的发展，裕廊工业区现在已经形成包括航空航天、船舶、生物医药、传媒、化工、通讯、电子等在内的 13 大工业体系。

航空航天业的发展起步于 20 世纪 90 年代。发展至今 20 年来，每年保持着 12% 的增长率。2011 年产值达到 57 亿美元，超过 100 家公司落户在实里达航空工业园，雇佣了超过 18000 名员工。

船舶业是过去几年来增长最快的一个行业，2011 年产值为 127 亿美元，雇员达 90000 人，船舶维修占世界 20% 的份额，自升式和半潜式钻井平台制造占世界 70% 的市场份额。2004 年建设了占地面积 13 公顷的近海船舶中心，进一步巩固了全球船舶业的领导地位。

吉宝集团、胜科海事集团等造船厂和斯伦贝谢公司、哈利伯顿等海事设备供应商云集于此。

生物医学行业最近几年也增长迅速，2009 年对新加坡 GDP 贡献率为 4%，雇佣了超过 16000 名员工。2011 年 50 多家公司和 30 多家公共部门机构共雇佣了 4300 名研发人员，产值 210 亿美元，2015 年有望突破 250 亿美元。

传媒业发展迅速，2005 年营业额达 182 亿美元，为 GDP 贡献了 49 亿美元附加值，雇佣员工大约 55000 人，电影、游戏、动画等产业齐头并进，全球传媒巨头比如卢卡斯影业、育碧公司在这设有分公司。

新加坡是世界能源和化工中心的领导，由于地理位置的优越和靠近终端市场，世界上有 95 家石油化工企业落户裕廊岛，裕廊岛是世界前十的石油化工中心，2011 年化工行业产出 452 亿美元，占新加坡制造业产出的 28%。

20 世纪 90 年代通讯业开始起步，经过 20 多年的发展，新加坡已经逐渐成为世界 ICT(Information Communication Technology) 中心。2011 年，通讯业产值 627.4 亿美元，雇员超过 140000 人。全球前 15 的软件公司总部都在新加坡，超过 80 家顶尖的软件公司云集裕廊。

电子工业是新加坡经济的引擎，2009 年全国固定资产投资 94 亿美元，电子工业占 41.5%，贡献了新加坡制造业附加值的 30.6%，雇佣员工 76000 人，占制造业总就业人数的 19%，2011 年电子工业产值 713 亿美元。

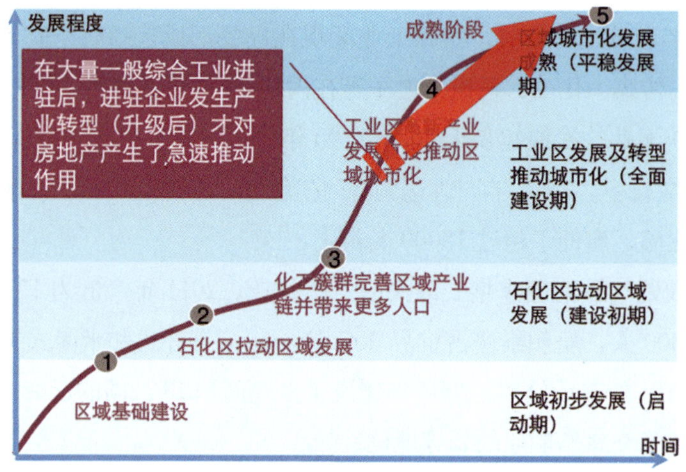

三、裕廊工业区发展的成功要素

裕廊工业区经过半个世纪的发展，已经日益成为新加坡经济的引擎，被认为是新加坡的心脏地带和最重要的工业区。

（一）工业区区位的合理选择和使用

裕廊地区建立工业基地的优势在于：第一，便捷的交通区位优势。裕廊濒临大海，拥有水深近 12 米的天然海港，航道接近国际航线；新加坡西南部最大的河流裕廊河横贯区内，水路运输通畅；工业区临近新加坡至马来西亚的铁路、公路干线，陆路运输系统发达。第二，广阔的开发空间和低廉的征地成本。裕廊地区幅员辽阔，可供开辟的面积达 62.46 平方公里；这里土地荒芜、居民稀少，迁徙安置成本较低。第三，土地后续开发前景广阔。裕廊地区可以把丘陵夷为平地，堆积下来的土可以用来改造原有的河道和填平沼泽、大海。

（二）工业和生活基础配套设施建设及时和完善

1961 年 9 月破土开工建设时，首要任务就是致力于工业基础设施建设，到 1968 年 6 月工业基础设施日趋完善。新加坡政府通过政策引导，鼓励员工在裕廊安家落户，开始建设城市—产业一体化模式的新型工业市镇，裕廊工业区因此一跃成为裕廊镇。为此在园区内沿裕廊河两岸规划住宅和各种生活设施，兴建了学校、医院、商场、银行、娱乐设施等，为园区产业提供教育、医疗、购物、金融、娱乐等服务，使裕廊工业区发展成为集生产和生活的综合体，走上了发展产业、发展城市之路。现在裕廊镇已经发展成为新加坡西南部最大的市镇之一。

（三）为工业园区的建设和发展提供了制度保障

这主要体现在裕廊工业区先进和完善的治理模式。裕廊镇工业管理局是通过立法形式设立的半官方机构，是政府和企业共同参与工业区管理的一种制度安排。管理局的主要领导由政府委派，其下属人员实行聘任制，政府只核拨管理局的启动资金，基础设施建设启动后，管理局以土地使用费作为继续建设的资金来源，实行自收自支、自负盈亏。由此可见管理局在其权限范围内按企业化运作，只受法律约束，不受政府部门的干预。管理局集行政职能和经济职能于一体，既发挥了政府的长处，又发挥了市场的作用。政府负责园区发展规划以及相关政策的制定和基础设施的建设，园区内的企业则是按市场化运作。政府主导和市场运作二者相得益彰，为园区的发展提供了基本的制度保证。1998 年，裕廊镇工业管理局更名为裕廊集团，在形式上彻底完成了向一个企业的过渡，专业化程度进一步提高。园区制度设计和安排的先进性确保了裕廊工业区的持续的稳步发展。裕廊工业区成功的经验在于正确处理政府和市场的关系，政府赋予管理当局高度自主权和政企分开。

（四）实行对外开放战略，制定优惠政策，积极引进外资和先进技术

1959 年新加坡政府决心走工业化道路，在开发裕廊工业区前颁布了两项法令：《新兴工业豁免所得税法令》和《工业扩展豁免所得税法令》，作为发展工业的基本优惠政策。1967 年为了发展“面向出口”工业，新加坡政府逐步颁布了一些鼓励出口的政策。1967 年底通过的《经济扩展奖励豁免所得税法案》进一步放宽了获得优惠税率的企业资格的标准。1975 年又通过了《经济扩展奖励豁免所得税（修正）法案》，把“新兴工业”的免税期从 5 年延长到 10 年。进入 80 年代，为了吸引高附加值的资本与技术密集型产业，裕廊镇工业管理局制定了十年总体规划，为高新技术企业提供了一些优惠措施和便利。90 年代以来，裕廊工业区进一步加大优惠力度，加大科研基础设施建设，创新建设理念不断涌现，技术园、科技中心纷纷建立，为外商投资创造了良好的软环境。进入 21 世纪，裕廊工业区树立以客户为中心的理念，转变发展模式，推出出售非核心资产、引导发展私人业界为主的工业房地产市场等一系列举措，旨在和客户共享利润。招商引资，有效地缓解了新加坡国内建设资金不期的局面，为工业区的起步奠定了坚实的基础；引进国外先进技术，为裕廊工业区的后续发展提供了长期的动力。

四、裕廊工业区发展的启示

首先，要制定合理的产业发展规划。新建工业区选址要充分考虑交通区位因素，当地资源禀赋优势，同时园区定位、空间布局、社会功能分布及园区经营管理模式、服务体系等，都需要统一的规划来提前做好安排协调，使园区各项要素发挥最大的效率。

其次，要从发展城市的角度出发发展工业。我国人口众多，城市化水平较低，我国建设经济开发区在完善工业基础设施的同时要同步完善生活基础设施，走新型市镇化道路，促进生产效率的提高。

再次，要选择符合国情地情的开发模式。在开发区建设阶段可以以政府主导的模式为主，充分发挥政府集中力量办大事的优势，在后续发展时期，政府要逐渐放权，成立市场化运作的专职管理机构，以市场竞争机制促进开发区的发展。政府主导加市场运作的模式，一定要明确政府和市场的职责，定位清晰，充分发挥政府和市场各自的优势。

另外，我国经济强劲发展以往是依靠传统的高投入、高消耗、高资本积累所带动的经济增长。目前这种经济增长方式，已经引发了一系列经济和社会问题。我国的经济开发区要把握当今经济发展的新特征，顺应经济形势的发展要求，走可持续发展道路，走科技之路，逐步淘汰落后产能，转变经济发展方式，完成产业升级转型，唯有这样才能在日趋激烈的国内外竞争中站稳脚跟。

参考文献：

[1] 刘友建．新加坡开发裕廊工业区的经验以及对我国的借鉴．中国商贸，2013(7).

[2] 丁志军．新加坡裕廊岛工业园成功因素分析．东方企业文化，2011(23).

[3] 谭旭峰．新加坡裕廊工业区的经验启示．中国高新区，2005(2).

[4] 曹建军、宋婷．裕廊工业园区建设经验及对我国石化园区规划的启示．当代石油石化，2012(11).

第四章　休斯顿的经济结构调整与产业链拓展（美国）

引　言

美国休斯顿市从一座“石油城市”，成功转型为以第三产业为支撑的可持续发展城市，得益于政策与法规的支持。美国通过出台支持政策和制度法规，建立起系统的转型政策支持体系和制度保障体系，落实政府主导推动转型发展的责任，在政策支持、生产力布局、资金保障等方面对资源型城市进行倾斜。

美国通过制定《能源供给和环境协调法》、《可再生能源资源法》等法律，规范石化资源的开发利用，引导资源型企业承担资源开发补偿、生态环境恢复治理和企业关闭善后等方面的责任，并以制度加以约束，发挥资源型城市在转型过程中的主体作用，建立转型奖惩机制，调动资源型城市的积极性。休斯顿就是在这样的背景下，积极发展替代能源，并进行环境的恢复治理。

此外，休斯顿依据美国联邦政府颁布的《就业法》、《人力开发与培训法》、《就业机会法》、《全面就业与培训法》等法律，促进休斯敦工业区的就业、培训，实现向第三产业的转型。

一、基本情况

休斯敦市创立于1836年，是美国第四大城市，位于得克萨斯州东南的墨西哥湾畔，下设10个县。休斯敦号称世界能源之都，是全球著名的太空城，也是美国南部地区最大的国际空港以及美国石油和石化工业的中心。

1901年，休斯敦附近斯宾德尔托普发现石油，立即引发了一场“石油热”，并形成休斯敦第一次经济高潮。1930年以得克萨斯东部再次发现大油田为契机，休斯敦的工业化进入第二次高潮。到20世纪30年代中期，休斯敦市周围方圆600英里内就生产了全世界一半的石油。第二次世界大战给休斯敦带来第三次工业化的浪潮，这次浪潮是客观上导致其产业结构升级的关键时期，而联邦政府的战时合同和军事采购在这一过程中起到了重要作用。

20世纪70年代末80年代初，休斯敦的经济繁荣达到顶峰，但是，经济的高度繁荣掩盖了亟待调整的产业结构之不足。70年代，休斯敦曾表现出向经济多样化方向发展的势头，但石油巨头醉心于追逐巨额石油利润，造成石油石化业在产业结构中的比重居高不下，延缓了产业结构的多样化。80年代中期，由于世界石油价格的暴跌和石化行业的大萧条，休斯敦的经济遭受了严重打击，造成大批工厂倒闭，工人失业，技术人才外流。这场危机使休斯敦经济结构上的缺陷充分暴露出来。

从20世纪60年代后期开始，面对石油开采业整体下滑的经济形势，休斯敦通过产业链拓展，带动了该地区机械、水泥、钢铁、电力、交通运输及造纸等多种行业的发展。与此同时，休斯敦作为美国国家宇航中心布点，其带动了该地区与宇航业相关的1300多家高技术企业的发展，门类涉及电子、精密机械、仪表等行业，并且伴随着教育、金融等第三产业以及现代农牧业的飞速发展，休斯敦这一资源型城市性质发生了质变。在2008年时，该地区生产总值中开采业贡献仅1/4；服务业、制造业以及金融保险业已成长为支柱产业。休斯敦能够走上可持续发展的道路，不仅因为其本身所具备的先天地理和资源优势，同样也得益于该市各方力量长期的共同努力。

二、休斯敦成功转型

（一）充分利用优越的资源和地理条件，发展城市经济

休斯敦运河及港口的修建对休斯敦的经济发展产生了深远影响。首先，传统商品的贸易数量增加，贸易辐射能力增强。其次，港口的建成极大吸引了新兴的石油业和相关工业在运河区投资设厂。第三，港口的建成带动了相关商业和服务业的发展。

（二）根据市场需求调整产业结构，发展替代产业

休斯敦在充分利用剩余资源、尽可能延长开采年限的同时，进行深加工，延长产业链，提高资源的附加值，开发替代产业，着力促进产业结构多元化，依靠已有的优势产业基础，如港口贸易、制造业、航天中心、医疗中心等，促进机械设备和各类高科技产业的发展。到 20 世纪 90 年代末，尽管石油业还占有重要地位，但休斯敦已经摆脱了对能源经济的依赖。

（三）力争获得政府资助的大项目，以点带面发展高科技产业

休斯敦发展高科技的规划又是与美国政府的相关政策合拍，从而把握住了发展方向。1961 年休斯敦成为美国国家航空和宇宙航行局（NASA）航天中心的所在地，航天中心的落户使休斯敦不断获得联邦的国防开支，并且在 NASA 的带动下，孵化出约 1200 家小型高科技公司。

医药业是休斯敦另一新兴的高科技支柱产业。20 世纪 60 年代休斯敦建立了得克萨斯医学中心，集健康教育、研究和治疗为一身。在 80 年代早期，医学中心对休斯敦的经济影响甚至超过宇航业。

（四）大力发展高层次服务业，使第三产业成为重要的经济增长点

第三产业在促进休斯敦迈向国际性大都市过程中起到了日益重要的作用。特别是 80 年代以后，第三产业的劳动就业比例上升，增加值占地区总产值 50% 以上，其中商业和金融业最为突出。在 80 年代初期，休斯敦是当之无愧的国际石油技术中心和美国四大金融中心之一，有 52 个国家在休斯敦设有领事馆。

（五）传统的石油产业纵向延伸和横向扩展

由于得天独厚的条件，休斯敦以石油工业为基础的经济日益发展，高科技在石油行业的运用使石油业降低了生产成本、提高了勘探的准确率，从而增强了抗风险能力。同时，战后的繁荣使休斯敦的石油工业也日益融入全球经济。80 年代早期，休斯敦石化工业开始采取了向海外转移生产的战略，休斯敦的石化公司多采用与所在国合资的方式，通过向第三世界国家的项目提供技术和资金获得股份，从而利用所在国的廉价原料。

三、休斯敦经济转型中公共政策实施的经验

（一）重视基础设施建设

在休斯敦经济发展中，政府一贯重视并不遗余力地进行基础设施建设。休斯敦市通过征税和制定有约束力的土地规划法等政策，大力改善城市交通和环境状况。在海上交通方面，1914 年政府开凿连接墨西哥湾的海上航道，建立了休斯敦港。目前，休斯敦港的进出口总吨位为全美第一，是世界第 15 大港。在陆上交通方面，经过多年的发展，休斯敦市发展为铁路中心，拥有 14 条铁路主干线向外辐射。同时，休斯敦市拥有美国第四大，世界第六大的机场系统，数十家航空公司经营货运业务，是美国南部地区最大的国际航空港。

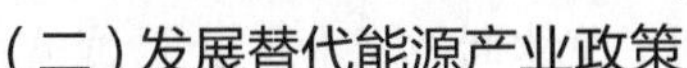

（二）发展替代能源产业政策

进入 20 世纪 80 年代后期，休斯敦的经济受到严重打击。面对严峻的形势，休斯敦政府和社会各界确定了优先发展的 9 种类型的替代能源产业政策，其中包括生物医药研究、工程器械、信息设备、研发实验室、人体器官化学、建筑设备等，为当地经济发展引入高科技产业。随着发展替代能源产业政策的实施和产业结构的调整，休斯敦产业日趋多元化，逐渐摆脱了以往对石油资源的过分依赖的现状。

（三）良好的金融财税政策

休斯敦通过积极的金融和财税政策，吸引了国内外的大批投资，目前，休斯敦建立有 23 个活跃的外国商会和贸易组织，18 个外国贸易和商业办事处。大休斯敦地区还汇集了 629 家商业银行，659 家抵押业务机构，220 家信贷机构，以及 905 家证券交易机构。同时，建立了德州企业基金、技能发展基金、社区赔偿基金等，用作鼓励休斯敦地区的经济转型。对到休斯敦投资的部分企业，政府对其减税奖励，如制造商销售豁免，营业税退税等。

（四）严格执行环境保护政策

休斯敦实行了众多环境控制项目，一直严格执行联邦政府颁布的各项关于环境保护的政策，以此来确保获得美国联邦政府的项目资金支持，如高速公路维护和建设资金等。以《清洁空气法》为例，尽管联邦《清洁空气法》对空气中有毒物质的含量没有明确的标准，但休斯敦一直执行严格的排放标准，来降低大气中的污染。政府尽可能通过各种节能措施，提高能源的利用效率，降低对能源的需求，如休斯敦鼓励使用混合动力型汽车。

（五）多元化的就业政策

休斯敦依据美国联邦政府颁布的《就业法》、《人力开发与培训法》、《就业机会法》、《全面就业与培训法》等法律，促进休斯敦工业区的就业、培训，建立了紧急援助、人员培训及工作分享策略。紧急经济救援可持续半年到一年，来帮助就业人员渡过最初难关，直到找到工作；政府通过对人员的培训，来提高就业人员的个人素质，加大就业机率；工作分享策略可以降低信息的不对称性，减少社会不安定因素。美国政府还出台了失业保险、社会保险等保险政策，建立了多元化的社会保障福利制度，在休斯敦工业区处于萧条时期，起到了维持地区安定的作用。

参考文献：

1. 王博雅．国外资源枯竭地区经济转型公共政策实施的成功经验与启示．商业经济，2010(12).

2. 刘旭东．国外资源型城市新兴产业选择的模式分析．科技风向标，2013(229).

3. 孙爱萍、娄承、刘克雨．能源城市休斯敦经济发展之路．国际石油经济，2004(7).

4. 孙国玉、陈雷、于怡鑫．石油城市休斯敦的经济转型和可持续发展之路．企业经济，2010(12).

5. 李胜毅．休斯敦产业转型对滨海新区发展的启示．港口经济，2013(9).

后 记

城市建设与生态可持续发展是一个系统工程，包括城市能源供应、水土保持、环境监测、交通服务和与之相交融的文化遗产及生态游憩系统。需要通过维护整体自然系统与城市人文社会系统功能的完善、健康发展使城市获得良好的、全面的生态服务。涉及法律政策、城镇规划、投融资机制设计、公众参与、品牌宣传等方方面面，需要创新的城市经营理念与策略，各国城市发展中积累的丰富经验将对当前我国新城镇建设具有重要参考价值。

阳光时代律师事务所环境资源能源（ERE）研究中心、浙江大学非传统安全与和平发展研究中心环境与能源安全研究所一直关注能源与环境的最前沿问题，并力求从法律角度，探寻城市化如何与能源、环境协调发展的可持续之路，《法律·技术·资本：世界城市可持续发展最佳范例选》是我们参考国内外城市生态发展研究成果和实践经验基础上编著成册，奉献给读者诸君的点滴思考。

《法律·技术·资本：世界城市可持续发展最佳范例选》分为总报告和五个专篇，总报告以《碧水蓝天LTC新型城镇化整体解决方案》为题统领性地介绍了新城镇化建设的一些新思考，尤其是重视法律（L）、技术（T）、资本（C）的协同创新效应，以法律力量联合技术和资本的力量，整合水、土地、空间、能源、制度、文化等要素，形成新型城镇化整体解决方案，重点把握五大抓手实现绿色、节约、低碳的新城镇发展目标。城市规划篇主要介绍和分析了澳大利亚阿德莱德市 “影子规划”的成功实践经验；巴西库里蒂巴市如何成为举世闻名的最宜居之城；新西兰怀塔克雷市如何通过法律强制开展地区和城市规划。水土治理篇主要介绍了韩国清溪川综合整治工程与城市品牌增值的模式；新加坡作为城市国家如何由单一的邻国购水，发展到雨水收集、邻国购水、新生水和海水淡化 4 个水源并举的经验；瑞士苏黎世锡尔河如何通过治理实现人与自然的双赢局面；英国伦敦奥运场址如何从污染棕地经历土壤变色和综合利用。旧城改造篇主要介绍了德国鲁尔工业区在过去几十年中如何经历资源型城市的历史转身；德国弗莱堡沃邦居住区通过旧军营生态改造如何实现宜居典范；法国老工业基地的产业转型升级以及荷兰尼德兰建筑社区的可持续更新经验。生态社区篇主要从微观视角展现各国绿色发展的大趋势，包括丹麦森讷堡“零碳项目”与绿色发展模式；丹麦循环经济的卡伦堡模式；瑞典哈马碧生态循环模式；瑞典马尔默“明日之城”城市发展以及英国贝丁顿的零碳社区经验。产业园区篇从循环经济和产业链延伸的视角分析了印度班加罗尔从“煮豆之地”到“亚洲硅谷”的飞跃；日本北九州循环工业园作为资源再生标杆的发展历程；新加坡裕廊工业区长生不老的秘密以及美国休斯顿的经济结构调整与产业链拓展经验。

本书由阳光时代律师事务所环境资源能源（ERE）研究中心与浙大非传统安全与和平发展研究中心环境与能源安全研究所联合出品，陈臻、周章贵、周安杰、陈刚、闫梦桦、寿方亮等主要参与了研究和编撰工作，陈臻主任早在 2012 年便提出了新型城镇化建设 LTC 整体解决方案的基本理念，并在深入研究后形成了本书的总报告。周章贵负责本书的统稿工作，协调各专章编纂工作。在本书统稿和编辑出版期间，还得到中关村汉德环境观察研究所唐大为所长以及相关研究人员的修改建议和协助，特别表示感谢。

本书引用、参考和借鉴了国内外学者和国内网站的大量数据和文章，在此一并致谢！由于时间仓促、学识和视野有限，本书存在的不当之处还敬请读者批评指正。